要点整理から攻略する

ディープラーニングG検定 ジェネラリスト

山本 晃、須藤 秋良【著】

注記

●試験範囲は予告なく変更されることがございます。受験時には必ず最新の試験範囲をご確認ください。

●本書記載の情報は2020年8月現在の確認内容に基づきます。

●本書の内容は細心の注意を払って記載、確認致しました。本書の執筆範囲外の運用に当たっては、お客様自身の責任と判断で行ってください。執筆範囲外の運用の結果について、マイナビ出版および著者はいかなる責任も負いません。

●本書に記載のある会社名や商品名は、一般に各社の商標または登録商標です。

●書籍のサポートサイト

書籍に関する訂正、追加情報は以下のWebサイトで更新させていただきます。

https://book.mynavi.jp/supportsite/detail/9784839971168.html

はじめに

G検定は、AI(人工知能)分野の中でも特に成果を出しているディープラーニング技術の産業応用が進み、日本の産業競争力が向上することを目指し、JDLAではより多くのビジネスパーソンに学んでいただけるよう、ジェネラリスト人材の育成を目的とした検定試験です。

本書はG検定に合格することを主な目的として、ディープラーニングに関わる知識を網羅的に記載いたしました。

エンジニアや情報工学を専攻している学生のみならず、他職種、他業種、文系の学生であっても読み進められるよう、図解も盛り込みつつ、丁寧に解説してあります。

試験対策を主な目的としていますが、ディープラーニングの歴史や、法的なリスクや倫理観を学びたい、ディープラーニングの基礎知識を取得したいといった方にも読んでいただきたい書籍です。

本書がG検定を受験される方々の手助けとなり、資格試験を通じてディープラーニングに関わる知識を豊かなものにできれば幸いです。受験される皆さまの合格を祈念しております。

Contents

Contents

7章 AIの社会実装にむけて 213

本書の使い方

「ディープラーニング G検定 ジェネラリスト」の合格に向けて、本書を効果的に使用いただく方法をここで紹介いたします。学習を始める前に、まずは本項の確認からはじめてください。

項目ごとに学習を進める

カリキュラムにあわせてディープラーニングの基礎知識を解説しています。十分に理解している範囲は「確認問題」と「ここは必ずマスター！」だけを確認し、理解度に応じて読み飛ばしてください。

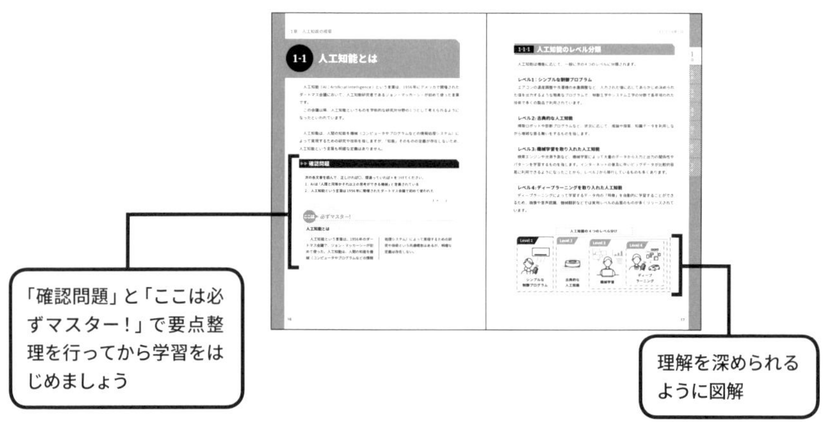
1-1 人工知能とは
確認問題
1-1-1 人工知能のレベル分類
「確認問題」と「ここは必ずマスター！」で要点整理を行ってから学習をはじめましょう
理解を深められるように図解

G検定の出題範囲は多岐にわたり、実際の試験でも非常に多くの問題が出題されます（直近の試験の出題数は200問）。1つ1つの単元を完璧に理解することも大事ですが、カリキュラムの範囲に関する知識を網羅的に理解することも大事です。

何度も繰り返し読み通すことで、試験に求められる基礎をつくりましょう。

章末問題で学習内容の確認

章ごとに、問題と解答解説を構成してあります。実際の試験で出題が予想される内容に厳選していますので、正答できるようになるまで繰り返し解きましょう。

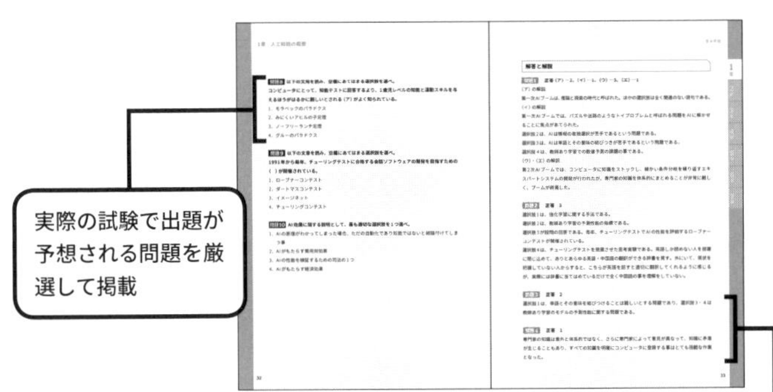
実際の試験で出題が
予想される問題を厳
選して掲載

できるだけ選択肢ごとの解説を盛り込みました。誤っているものを選ばせる問題も出題されるため、なぜ誤りなのかも説明できるようになると良いでしょう。

実際の試験では1問の回答に使える時間は30秒となります。問題を解くときは、1問30秒という時間も意識して取り組むようにしましょう。

また、本書の問題に正答できるようになったら、試験元のホームページにある過去問題も忘れずに取り組むようにしましょう。

1 試験情報

試験情報

G検定の出題範囲は協会のホームページ（https://www.jdla.org/certificate/general/）で確認することができます。

G検定の試験範囲（シラバス）
（https://www.jdla.org/certificate/general/#general_No03）

・人工知能（AI）とは（人工知能の定義）
・人工知能をめぐる動向
探索・推論、知識表現、機械学習、深層学習

・人工知能分野の問題
トイプロブレム、フレーム問題、弱いAI、強いAI、身体性、シンボルグラウンディング問題、特徴量設計、チューリングテスト、シンギュラリティ

・機械学習の具体的手法
代表的な手法、データの扱い、応用

・ディープラーニングの概要
ニューラルネットワークとディープラーニング、既存のニューラルネットワークにおける問題、ディープラーニングのアプローチ、CPU と GPU、ディープラーニングにおけるデータ量

・ディープラーニングの手法
活性化関数、学習率の最適化、更なるテクニック、CNN、RNN、深層強化学習、深層生成モデル

・ディープラーニングの研究分野
画像認識、自然言語処理、音声処理、ロボティクス（強化学習）、マルチモーダル

・ディープラーニングの応用に向けて
産業への応用、法律、倫理、現行の議論

※試験範囲は変更される場合があります。

最新情報は、協会のホームページで確認してください。なお、協会のホームページではG検定の例題も掲載されているので、受験前に目を通しておくことをお勧めします。

対象読者

本書は日本ディープラーニング協会が提供するG検定試験を受験される方を対象としています。

本書を読むにあたり、前提となる知識は不問ですが、数学や統計の基本的な知識があると理解が進みます。本書でも数学や統計など情報理論の基礎を扱っていますので、文系出身者であってもディープラーニングで必要とされる数学的な知識をコンパクトに習得することができます。

合格のためのチュートリアル

G検定試験は自宅などインターネットに接続できる環境があればどこからでも受験することができます。G検定受験サイト（https://www.jdla-exam.org/d/）ではチュートリアルや操作マニュアルが用意されているので、事前に動作確認を行いましょう。

G検定受検

チュートリアル画面

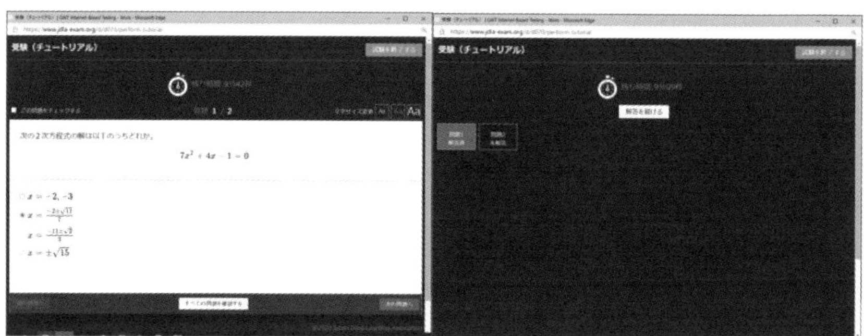

受験時には、参考資料なども手元に置いておき、いつでも確認ができるようにしておきます。

複数のPCが用意できるのであれば、万が一に備えていつでも受験端末を切り替えられるようにしておきます。受験時の解答や問題へのチェックは逐次サーバー側で保存されているので、万が一マシンがクラッシュしたり、Webブラウザを終了してしまっても、アクセスしなおせば、直前までの状態から試験を再開することができます。

試験開始は13:00からとなっていますが、12:50から開始することができます。試験開始時点から120分のカウントダウンが行われ、タイムアウトまたは、「試験を終了する」ボタンをクリックすると試験は終了します。一時停止はできません。また、13:10までに試験を開始しないと、その後は受験ができなくなってしまうので注意してください。

試験時間は120分で220問程度の問題が出題されます。
（2019年はすべて226問、2020年は、214問、200問でした）

設問では正しいものを選択する問題だけでなく、「不適切なものを選択」させる問題も多く出題されるので注意深く設問の意図を読み取りる必要があります。120分で220問程度出題されるので、1問あたり30秒程度で解答する必要があります。

すぐに解答できない問題は、「この問題をチェックする」を活用して、あとで見返すようにしましょう。問題や選択肢から、設問の意図や正解がイメージできない問題は後回しにして、まずはすべての問題に目を通しながら解答できるものを攻略していくことをお勧めします。

その後、余った時間でチェックした問題を見返して、参考資料や検索エンジンなどを使って正解率を高めていくのが効率的です。

また、問題を見返すためにチェックを付けすぎてしまうと、後で調べようと思った問題と全く歯が立たない問題の区別ができなくなってしまうので、「この問題をチェックする」機能と手元のメモを使い分けるとあとで選別しやすくなります。

著者紹介

山本 晃（やまもと あきら）

トレノケート株式会社でテクニカル エバンジェリストとして最先端のITテクカルトレーニングの企画・開発・実施を行う。
20年以上の講師経験持ち、2019年には300名以上のG検定合格者を排出。
本書では1,5,6,7章を担当。

須藤秋良（すとう　あきよし）

フリーランスのデータサイエンティスト。
教育業界でのデータ解析や医学研究での統計解析コンサルを主に行い、それら業務の知見を活かしてデータサイエンス系セミナーの研修講師なども行う。これまで担当した研修受講者は総計3000名を超える。
本書では2,3,4章を担当。

1

人工知能の概要

1-1 人工知能とは

人工知能（AI；Artificial Intelligence）という言葉は、1956年にアメリカで開催されたダートマス会議において、人工知能研究者であるジョン・マッカーシーが初めて使った言葉です。

この会議以降、人工知能というものを学術的な研究対分野の1つとして考えられるようになったといわれています。

人工知能は、人間の知能を機械（コンピュータやプログラムなどの情報処理システム）によって実現するための研究や技術を指しますが、「知能」そのものの定義が存在しないため、人工知能という言葉も明確な定義はありません。

▶▶確認問題

次の各文章を読んで、正しければ○、間違っていれば×をつけてください。

1. AIは「人間と同等かそれ以上の思考ができる機械」と定義されている
2. 人工知能という言葉は1956年に開催されたダートマス会議で初めて使われた

1.×　2.○

ここは▶必ずマスター！

人工知能とは

人工知能という言葉は、1956年のダートマス会議で、ジョン・マッカーシーが初めて使った。人工知能は、人間の知能を機械（コンピュータやプログラムなどの情報処理システム）によって実現するための研究や技術という共通概念はあるが、明確な定義は存在しない。

1-1-1 人工知能のレベル分類

人工知能は機能に応じて、一般に次の4つのレベルに分類されます。

レベル1：シンプルな制御プログラム

エアコンの温度調整や洗濯機の水量調整など、入力された値に応じてあらかじめ決められた値を出力するような簡素なプログラムで、制御工学やシステム工学の分野で長年培われた技術で多くの製品で利用されています。

レベル2: 古典的な人工知能

掃除ロボットや診断プログラムなど、状況に応じて、推論や探索、知識データを利用しながら複雑な振る舞いをするものを指します。

レベル3: 機械学習を取り入れた人工知能

検索エンジンや渋滞予測など、機械学習によって大量のデータから入力と出力の関係性やパターンを学習するものを指します。インターネットの普及に伴いビッグデータが比較的容易に利用できるようになったことから、レベル2から移行しているものも多くあります。

レベル4: ディープラーニングを取り入れた人工知能

ディープラーニングによって学習するデータ内の「特徴」を自動的に学習することができるため、画像や音声認識、機械翻訳などでは実用レベルの品質のものが多くリリースされています。

1-2 人工知能研究の歴史

人工知能には3度のブームがあったといわれています。

▶▶確認問題

次の各文章を読んで、正しければ○、間違っていれば×をつけてください。

1.第一次ブームは、推論と探索の時代と呼ばれ、トイプロブレムに焦点が当てられた

2.第二次ブームは、エキスパートシステムの時代と呼ばれている

3.第三次ブームは、機械学習の時代と呼ばれている

1.○　2.○　3.○

ここは必ずマスター!

第一次AIブーム

第一次ブームでは、推論と探索の時代と呼ばれ、「推論と探索」というコンピュータがゲームやパズルを解いたり、迷路脱出という簡単なタスク（トイプロブレム）を解く事が多かった。

第二次AIブーム

第二次AIブームは、エキスパートシステムの時代と呼ばれる。エキスパートシステムとは、コンピュータに特定領域の知識を登録して、条件分岐を繰り返すことによりその領域の専門家のように振舞う仕組みを表す。

第三次AIブーム

第三次AIブームは、機械学習の時代と呼ばれる。コンピュータの性能向上に加えて、インターネットやクラウドの普及に伴い、ビッグデータを比較的容易に扱えるようになったこともブームの下支えとなっている。

1-2-1 第一次AIブーム ~推論、探索~

1950-60年代にコンピュータの誕生を受けて、数々のAI関連のアルゴリズムが考案されました。このブームでは、「推論と探索」というコンピュータがゲームやパズルを解いたり、迷路脱出という簡単なタスクをこなすものでした。

これらのタスクをこなすアルゴリズムは一見すると知的な処理を行えそうですが、実際にはルールとゴールが明確に決まっている枠組みの中でしか動くことができませんでした。

このように、当時のAIでは「ハノイの塔」などのパズル、オセロやチェスなどのボードゲームなどの問題は解けても、画像の認識や、文章の解読などには対応できず、現実社会では意味がないということから、第一次AIブームは、トイプロブレム（おもちゃの問題）にしか対処できないとしてブームは終結し、いわゆる「冬の時代」を迎えることになりました。

1-2-2 第二次AIブーム ~エキスパートシステム、知識獲得~

1980年代に入りコンピュータが急速に普及したことを受けて、停滞していたAIに2度目のブームをもたらしました。第二次AIブームの特徴として「エキスパートシステム」が挙げられます。

エキスパートシステムとは、コンピュータに特定領域に関する膨大な知識をすべて登録して、非常に細かい条件分岐を繰り返すことによりその領域の専門家のようにコンピュータが振舞う仕組みを表します。

エキスパートシステムによって、第一次AIブームで問題視されていた「現実の複雑な問題」を人工知能に解かせようという試みが行われました。

当時開発されたシステムの例として、細菌感染症に関する膨大な特徴をコンピュータに登録することにより、医師のように診断を下すことのできるシステムなどが開発されました。（詳細は後述）

エキスパートシステムで、現実社会の問題もコンピュータで解決できるようになったかと思われましたが、専門家がもつ知識は経験的なものや暗黙的なものが多く、また、矛盾や例外も多くあるため、それらを体系的にまとめ、条件判断させるルールづくりは非常に困難でした。このことを**知識獲得のボトルネック**とも呼んだりします。

また、この頃のコンピュータでは性能が追い付いていないこともあり、二度目のAIブームは壁にぶつかり、再び人工知能研究は冬の時代となりました。

1-2-3 第三次AIブーム ~機械学習、深層学習~

2000年代に入ると、コンピュータの性能向上に加えて、インターネットやクラウドの普及に伴い、ビックデータを比較的容易に扱うことができるようになりました。併せて「機械学習」や「ディープラーニング（深層学習）」といった新たな手法が開発されたことにより第二次AIブームの課題であった、大量のデータを収集し体系的にまとめ、矛盾したルールにも機械自身が自ら学ぶことで知識を獲得することができるようになりました。このような背景から三度目のAIブームが沸き起こりました。

ディープラーニングの出現によって、画像識別など特定のタスクにおいては、人間よりもAIの方が優れているような状態にまで技術は急速に発展しており、これからもさまざまな実用的なシステムの登場が予想されることから、第三次AIブームは継続していくだろうと考えらえられています。ディープラーニングの火付け役は、2012年に開催された、画像認識のコンペティションといわれてディープラーニングを利用したチームが、従来の手法を利用していた2位以下のチームに圧倒的な差をつけて優勝しました。（詳細は後述）

1-3 人工知能の代表的な研究テーマ

▶▶ 確認問題

次の各文章を読んで、正しければ○、間違っていれば×をつけてください。

1. 探索木には、幅優先探索と広さ優先探索がある
2. ELIZAは簡単なルールベースの対話型のプログラムでチャットボットの元祖ともいえるプログラムである
3. ディープラーニングでは、予測したいものに適した特徴量そのものを大量のデータから自動的に学習することができる

1.×　2.○　3.○

必ずマスター！

探索木

探索木には、幅優先探索と深さ優先探索がある。

知識表現

知識表現とは、人間の知識をコンピュータが扱えるようにするための表現形式のことである。

ディープラーニング

ディープラーニングは特徴量も自動的に抽出することができる。

1-3-1 推論と探索

「推論」は、人間の思考過程を記号で表現し実行するもので、「探索」は、解くべき問題をコンピュータに適した形で記述し、考えられる可能性を総当たりで検討したり、階層別に検索することで正しい解を提示します。

たとえば、迷路を解くためには、迷路の道筋をツリー型の分岐として再構成し、ゴールにたどり着く分岐を順番に探し、ゴールに至る道を特定する探索木などの手法があります。

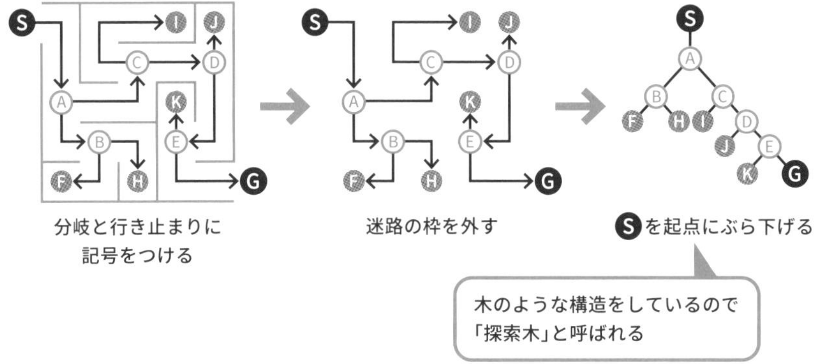

探索木には、幅優先探索と深さ優先探索があります。

幅優先探索は、すべて条件分岐の探索を行い、その結果最短の経路を導き出すものですが、すべての情報を覚えておかないといけないため、複雑な条件の場合はメモリリソースが枯渇してしまうことがあります。

これに対して深さ優先探索は、条件分岐ごとにノードを探索していき、行き止まりになったら元に戻るという一筆書きのような処理を繰り返すことでゴールを探索する手法です。すべての経路を覚える必要がないため、メモリリソースの消費を抑えることができますが、課題設定によっては最適経路を見つけ出すためにとても時間がかかることがあります。

オセロやチェスなどのボードゲームは、対戦相手の打ち方によって、勝つための条件が刻一刻と変化します。このような不規則な課題を探索で解こうとすると、条件や組み合わせが非常に膨大になってしまうため、ブルートフォースによるすべての組み合わせ探索をすることは非現実的です。

1-3-2 知識表現

人間の知識をコンピュータが扱えるようにするための表現形式を知識表現といいます。

知識表現モデルのルールモデルでは、「もしAならばBである」といったように、複数のルールを用意しておき、それぞれの条件に相応しい応答を行います。

ELIZA（イライザ）は1966年にジョセフ・ワイゼンバウムによって開発されました。ELIZAは簡単なルールベースの対話型のプログラムでチャットボットの元祖ともいえるプログラムです。チャットボットは、人間が発した特定のキーワードやフレーズに対応した応答文をあらかじめ用意しておき、これらをもとに応答をすることで、人間は会話が成り立っているように感じさせることができます。

しかし、チャットボットは、あらかじめ決められたルールにもとづいて応答しているだけなので会話の中身は理解していません。このようにチャットボットは、脳ほどの高度な処理を行っていないことから人工無脳と表現されることもあります。

1-3-3 エキスパートシステム

専門分野の知識を取り込んだ上で推論することで、その分野の専門家のように振る舞うプログラムを指します。1972年にスタンフォード大学で開発されたMYCINという医療診断を支援するシステムが世界初とされています。

MYCINはバクテリアの感染症の診断をすることのできるシステムで、あらかじめ定めた病気に関する情報と判断のルールに沿って質問し、得られた回答に基づいて次の質問を選択するといった過程を繰り返すことで感染細菌を特定して、それにあった抗生物質を処方することができます。

エキスパートシステムに保有させる知識をいかに多くするかが課題となり、1984年には一般常識を記述して知識ベースと呼ばれるデータベースを構築する取り組みであり、現代版バベルの塔とも呼ばれるCycプロジェクトが開始され、30年以上経過した現在でも続けられています。

1-3-4 機械学習

機械学習とは、コンピュータが数値やテキスト、画像、音声などのさまざま、かつ大量のデータからルールや知識を自ら学習する技術を指します。機械学習により、消費者の一般的な購買データを大量に学習することで、消費者が購入した商品やその消費者の年齢などに適したオススメ商品を提示するレコメンデーションなどのさまざまな分野で利用されています。

1-3-5 ディープラーニング

ディープラーニング（深層学習）は、ニューラルネットワークを用いた機械学習の手法の1つです。情報抽出を一層ずつ多階層にわたって行うことで、高い抽象化を実現します。

従来の機械学習では、学習対象となる変数（特徴量）を人間が定義する必要がありましたが、ディープラーニングでは、予測したいものに適した特徴量そのものを大量のデータから自動的に学習することができます。このことを内部表現と呼びます。

ディープラーニングで予測精度を高めるためには学習に使用する大量のデータと、その膨大な計算を可能にするだけのコンピュータの計算リソースが必要になります。

ディープラーニングを活用した手法である、IBM社が開発したワトソンがクイズ番組で人間に勝利したり、DeepMind社（現Google傘下）のアルファ碁がプロ棋士に勝利するといったニュースが世界を駆け巡ったり、2015年の世界的な画像識別の競技会（ILSVRC; ImageNet Large Scale Visual Recognition Challenge）では、人間による画像分類作業時の誤差と同等の精度を叩き出すアルゴリズムが発表されたことから、近年では広く注目を浴びることになりました。

1-3-6 AI効果

AI効果とは、AIによって新しいことが実現され、その原理がわかってしまった場合、「それはただの自動化であり知能ではない」と結論付けてしまう心理効果を表します。

たとえば、チェスをするプログラムが世界チャンピオンに勝ったとしても、それはコンピュータの知能がチャンピオンに勝ったのではなく、あらゆる打ち手を試す自動化処理であると捉えることができます。アメリカの作家であるパメラ・マコーダックは、AI効果について、新たなAIが出現するとすぐに、それはAIではなくなるという「奇妙なパラドックス」と呼んでいます。

1-4 人工知能の課題

▶▶ 確認問題

次の各文章を読んで、正しければ○、間違っていれば×をつけてください。

1. モラベックスのパラドックスとは、AIは入力される知識や情報の取捨選択が非常に苦手であるという問題である
2. フレーム問題とは、知能テストやチェッカーをこなすよりも、1歳児レベルの知恵と運動スキルを与えるほうが遥かに難しいといわれている問題である
3. チューリングテストとは 人工知能ができたかどうかを判定する方法の1つである

1.× 2.× 3.○

ここは 必ずマスター！

フレーム問題とは

フレーム問題とは、AIが膨大な入力情報の中から、課題を解くために必要な情報を取捨選択することがとても苦手であるという問題を表す。

シンボルグラウンディング問題とは

シンボルグラウンディングとは、記号（シンボル）を、意味に接地（グラウンディング）させるという意味である。

チューリングテストとは

チューリングテストでは、別部屋の審査員がAIと対話して、その会話相手がAIかどうかを審査員が判定する。

1-4-1 フレーム問題

第2次AIブームの終焉に、フレーム問題というAIが根本的に抱える問題が明らかになりました。私たち人間は自分の目の前の課題を解決する際に、自分のもっている知識や目の前の情報をすべて利用することはせずに、使うべき知識や情報を取捨選択し、汎用的な知的処理活動を行っています。

現状のAIはこの知識や情報の取捨選択が非常に苦手であり、この問題のことをフレーム問題と呼びます。フレーム問題を解決し、さまざまな課題の解決ができるAIを「強いAI」、その反対で特定の領域や問題でしか課題解決できないAIを「弱いAI」と呼びます。

1-4-2 強いAI、弱いAI

「強いAI」と「弱いAI」という用語はアメリカの哲学者ジョン・サールによってつくられた言葉で、AIが人間と同レベルの課題解決能力があるかどうかによって分類することができると考えられています。

強いAIとは自分で物ことを考えることができる能力をもったAIを指しますが、今のところこのようなAIは実現していません。

これに対して弱いAIとは、特定領域の中でのみ問題解決や推論を行うものを指します。すでに多くのAIが開発されていますが、これらのAIは弱いAIに分類されます。

1-4-3 シンボルグラウンディング問題

シンボルグラウンディング問題とは、記号（シンボル）を、意味に接地（グラウンディング）させるという言葉です。たとえば、「縞模様」という言葉と、「馬」という言葉を知っている人は、生まれてはじめて「シマウマ」を見たときに、縞模様のある馬なので、「これがシマウマというものかも知れない」と認識することができます。しかし、AIにとっては「縞模様」や「馬」は記号（文字）に過ぎないため、それぞれの言葉の意味を理解していないため、シマウマというものを類推することができません。

このようにシンボルグラウンディング問題は、フレーム問題と同じく、AIにとっても難問とされています。

「シマ模様の馬だからシマウマ」
という概念をAIに教えるのは難しい

1-4-4 モラベックのパラドックス

コンピュータによっては、知能テストやチェッカーをこなすよりも、1歳児レベルの知恵と運動スキルを与えるほうが遥かに難しいといわれています。これを、モラベックのパラドックスと呼びます。

人工知能にとって、数学的思考や論理的思考など、専門的で高度な推論を行うことよりも、人間なら赤ちゃんでも身に付けているような知覚や運動の能力を獲得することの方が、より技術的に困難であるという逆説で、ハンス・モラベック教授らによって1980年代に提唱されました。

これはAIやロボット工学における技術の発展に大いに貢献したといわれています。

1-4-5 チューリングテスト

人工知能ができたかどうかを判定する方法に、チューリングテストというものがあります。これは、別の場所にいる審査員が人工知能搭載のコンピュータと対話して、相手がコンピュータだと見抜けなければコンピュータには知能があると判定する方法です。

また1991年以降、チューリングテストに合格する会話AIの開発をめざすためのコンテストとして、ローブナーコンテストが毎年開催されています。

1-4-6 シンギュラリティ

シンギュラリティとは、人工知能が十分に賢くなり、自分自身よりも賢い人工知能をつくれるようになった瞬間、無限に知能の高い存在をつくれるという仮説です。

未来学者のレイ・カーツワイルによると、人工知能が人間よりも賢くなるのが2029年頃、そしてシンギュラリティが起きるのが2045年頃だと予測しています。

シンギュラリティ（技術的特異点）とは、人工知能が十分に賢くなり、自分自身よりも賢い人工知能をつくれるようになった瞬間、無限に知能の高い存在をつくれるという仮説です。

未来学者のレイ・カーツワイルによると、人工知能が人間よりも賢くなるのが2029年頃、そしてシンギュラリティが起きるのが2045年頃だと予測しています。

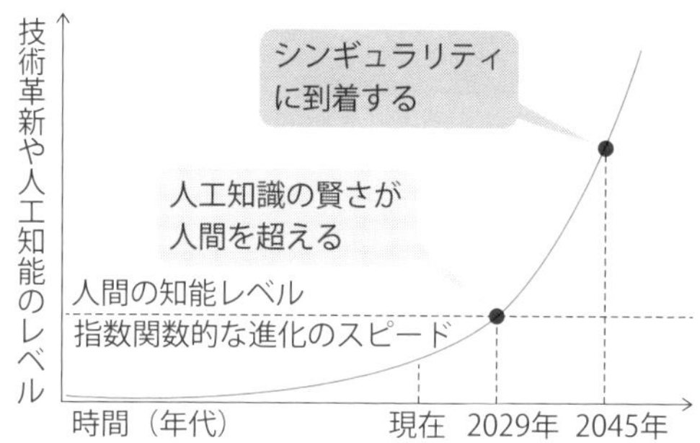

レイ・カーツワイルによると、技術革新や人工知能の研究の成果が徐々に積み重なっていくと、ある時期を境に、その技術進歩は直線的ではなく、指数関数的に性能が向上する考えられており、その到達時期が2045年頃だろうと予測されています。また、シンギュラリティによって人間以上の知性をもった「強いAI」が登場し、人間では予測不可能な変化が起こるといわれています。

シンギュラリティに対しては、ビル・ゲイツやイーロン・マスク、スティーブン・ホーキング博士らなど多くの科学者や人工知能の専門家達が、この超越的な知能の存在が脅威であることに警鐘を鳴らしています。こうした脅威に対し、日本では、人工知能学会において、2014年に倫理委員会が設置されています

シンギュラリティに対しては、ビル・ゲイツやイーロン・マスク、スティーブン・ホーキング博士らなど多くの科学者や人工知能の専門家達が、この超越的な知能の存在が脅威であることに警鐘を鳴らしています。こうした脅威に対し、日本では、人工知能学会において、2014年に倫理委員会が設置されています。

▶▶ 章末問題

問題1 **次の文章を読み、空欄に当てはまる最も適切な選択肢を選べ。**

第一次AIブームは、（ア）の研究が中心でしたが、迷路やパズルといった（イ）しか解くことができずブームは終焉を迎えました。第二次AIブームでは、（ウ）によって現実の複雑な問題を解く研究が行われましたが、（エ）ということがネックとなりブームは終焉しました。

（ア）の選択肢

1. 設計や構築
2. 探索や推論
3. 認識や検出
4. 分類や回帰

（イ）の選択肢

1. トイプロブレム
2. フレーム問題
3. シンギュラリティ問題
4. 回帰問題

（ウ）の選択肢

1. 機械学習
2. ディープラーニング
3. エキスパートシステム
4. ニューラルネットワーク

（エ）の選択肢

1. 専門家の知識を体系的にまとめ、条件判断させるルールづくりは非常に困難
2. 機械学習の研究者の絶対数が不足
3. さまざまな団体から協力を得ることができなかった
4. 多くの人工知能プロジェクトで期待していた以上の成果を得ることができなかった

問題2 **対話型AIの性能を評価する方法として、審査員に相手がAIであることがわからないようにして対話させ、審査員がどの程度の割合で相手がAIであると判定できるかを調べる方法がある。この方法を指す最も適切な選択肢を1つ選べ。**

1. マルチエージェントシミュレーション
2. ACU評価
3. チューリングテスト
4. 中国語の部屋

問題3 **以下の文章を読み、空欄にあてはまる選択肢を1つ選べ。**

第二次AIブームでは、技術の適用範囲が広がりに伴って、実社会での応用も進んだ。しかし、同時にその限界も明らかになった。たとえば、ロボットが何かタスクを処理するとき、膨大な入力データの中から、必要な情報とそうでない情報の取捨選択はとても難しいとされることを例とした（　）が有名であろう。

1. シンボルグラウンディング問題
2. フレーム問題
3. 過学習
4. 未学習

問題4 **知識のボトルネックの説明として最も適切な選択肢を1つ選べ。**

1. 人間から体系だった知識を引き出して、コンピュータに載せるのは困難であるということ
2. 探索や推論を行う上で組み合わせが、爆発的に増えていき計算困難になること
3. 大量の計算を行うことで、コンピュータのマシンスペックが足りなくなること
4. 十分な知識を埋め込むためには、コンピュータの記憶領域が足りなかったこと

問題5 以下の文章を読み、空欄に最も当てはまる選択肢を1つ選べ。

第三次AIブームは、（ア）の時代であるといわれており、現在研究されている技術は、第一次・第二次ブームのころから継続して行われているものもあれば、インターネットの発展によってデータ量が爆発的に増え、研究が一気に進んだ（イ）などがある。

（ア）の選択肢

1. 知識工学
2. 知識表現
3. 機械学習と深層学習
4. 汎用人工知能

（イ）の選択肢

1. 意味ネットワーク
2. 統計的自然言語処理
3. エキスパートシステム
4. 強いAI

問題6 ディープラーニング・AI・機械学習といった用語の意味として最も不適切な選択肢を1つ選べ。

1. 機械学習はAI研究の一分野である
2. 機械学習の手法の1つにディープラーニングがある
3. ディープラーニングは教師あり学習や教師なし学習、強化学習のすべてで利用できる
4. AIとデータサイエンスの違いは、機械学習を利用するかしないかである

問題7 以下の文章を読み、空欄に最もよくあてはまる選択肢を1つ選べ。

ディープラーニングのような高度な技術を使わなくとも、機械が人間の様な対話をしているように感じる例として、（ア）が挙げられる。（ア）は1966年に開発された簡単なルールベースの対話型プログラムであり、人工無能の元祖とも呼ばれている。

1. Watson
2. Sixamo
3. ELLA
4. ELIZA

問題8 **以下の文用を読み、空欄にあてはまる選択肢を選べ。**

コンピュータにとって、知能テストに回答するより、1歳児レベルの知能と運動スキルを与えるほうがはるかに難しいとされる（ア）がよく知られている。

1．モラベックのパラドクス

2．みにくいアヒルの子定理

3．ノーフリーランチ定理

4．グルーのパラドクス

問題9 **以下の文章を読み、空欄にあてはまる選択肢を選べ。**

1991年から毎年、チューリングテストに合格する会話ソフトウェアの開発を目指すための（　）が開催されている。

1．ローブナーコンテスト

2．ダートマスコンテスト

3．イメージネット

4．チューリングコンテスト

問題10 **AI効果に関する説明として、最も適切な選択肢を1つ選べ。**

1．AIの原理がわかってしまった場合、ただの自動化であり知能ではないと結論付けてしまうこと

2．AIがもたらす費用対効果

3．AIの性能を検証するための手法の1つ

4．AIがもたらす経済効果

解答と解説

問題1　正答（ア）…2、（イ）…1、（ウ）…3、（エ）…1

（ア）の解説

第一次AIブームは、推論と探索の時代と呼ばれた。ほかの選択肢は全く関連のない語句である。

（イ）の解説

第一次AIブームでは、パズルや迷路のようなトイプロブレムと呼ばれる問題をAIに解かせることに焦点があてられた。

選択肢2は、AIは情報の取捨選択が苦手であるという問題である。

選択肢3は、AIは単語とその意味の結びつきが苦手であるという問題である。

選択肢4は、教師あり学習での数値予測の課題のことである。

（ウ）・（エ）の解説

第2次AIブームでは、コンピュータに知識をストックし、細かい条件分岐を繰り返すエキスパートシステムの開発が行われたが、専門家の知識を体系的にまとめることが非常に難しく、ブームが終焉した。

問題2　正答　3

選択肢1は、強化学習に関する手法である。

選択肢2は、教師あり学習の予測性能の指標である。

選択肢3が設問の回答である。毎年、チューリングテストでAIの性能を評価するローブナーコンテストが開催されている。

選択肢4は、チューリングテストを発展させた思考実験である。英語しか読めない人を部屋に閉じ込めて、ありとあらゆる英語・中国語の翻訳ができる辞書を貸す。外にいて、現状を把握していない人からすると、こちらが英語を話すと適切に翻訳してくれるように感じるが、実際には辞書に当てはめているだけで全く中国語のことを理解をしていない。

問題3　正答　2

選択肢1は、単語とその意味を結びつけることは難しいとする問題であり、選択肢3・4は教師あり学習のモデルの予測性能に関する問題である。

問題4　正答　1

専門家の知識は意外と体系的ではなく、さらに専門家によって意見が異なって、知識に矛盾が生じることもあり、すべての知識を明確にコンピュータに登録することはとても困難な作業となった。

問題5 **正答** ア…3、イ…2

第三次AIブームは、機械学習の時代（または機械学習と深層学習の時代）と呼ばれている。2000年代に入ると、コンピュータの性能向上に加えて、インターネットやクラウドの普及に伴い、ビックデータを比較的容易に扱うことができるようになったことも、三度目のAIブームを後押しした。

また、自然言語処理をするためには大量の文章のデータが必要であるが、インターネットが発達することにより、ホームページから大量の文章データを抽出することができるようになった。

問題6 **正答** 4

データサイエンスは、データを用いて新たな科学的および社会に有益な知見を引き出そうとするアプローチの総称であり、機械学習を利用しているかどうかは関係ない。

問題7 **正答** 4

ELIZA（イライザ）は1966年にジョセフ・ワイゼンバウムによって開発された。ELIZAは簡単なルールベースの対話型のプログラムでチャットボットの元祖ともいえるプログラムである。

問題8 **正答** 1

選択肢2は、純粋に客観的な立場からはどんなものを比較しても同程度に似ているとしか言えない、という定理である。

選択肢3は、どんな課題にも万能に機能する機械学習アルゴリズムは存在しないという定理である。

選択肢4は、ある法則や命題の正しさを確証するために、データやこと例を枚挙してその証拠とするという実証科学的手続き（帰納法）を破綻させるパラドクスである。

問題9 **正答** 1

選択肢2は、1956年にダートマス会議が開かれた。

選択肢3は、イメージネットは、有名な画像のデータセットの名称である。

選択肢4は、ローブナーコンテストでチューリングテストが行われる。

問題10　**正答　1**

AI効果とは、AIによって新しいことが実現され、その原理がわかってしまった場合、「それはただの自動化であり知能ではない」と結論付けてしまう心理効果を表す。

基礎数学と情報理論

2-1 データの距離

機械学習ではデータ同士の距離を考慮することが多くあります。この節では、データ間の距離の計算方法を見ていきます。

▶▶ 確認問題

次の各文章を読んで、正しければ○、間違っていれば×をつけてください。

1. 底辺3,高さ4の直角三角形の斜辺の長さは5である
2. 4次元以上のデータの距離を計算することができる

1.○　2.○

ここは▶ 必ずマスター！

データの距離の計算

2点のデータの距離は、次の手順で算出できる。

手順1.対応する項目同士の差分を2乗する。

手順2.1の結果の合計を計算する。

手順3.2の結果の平方根（ルート）を計算する

2-1-1 三平方の定理の復習

直角三角形の3辺に関する定理に「三平方の定理（別名ピタゴラスの定理）」という定理があります。

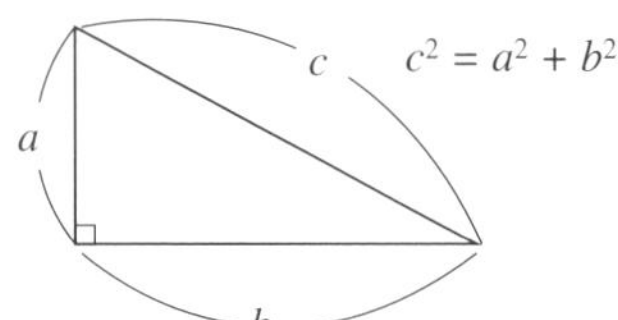

この公式を使うと、斜辺の長さcを計算することができます。

$$c = \sqrt{a^2 + b^2}$$

この三平方の定理を利用すると2次元のデータの距離を計算することが可能です。

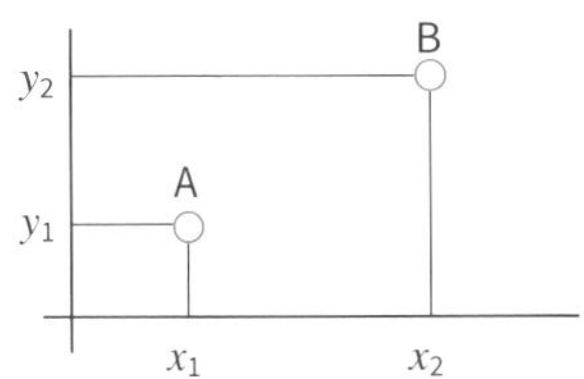

たとえば、上の図で2点AとBの距離を求める計算式は

$$A\text{とBの距離} = \sqrt{(x_2 - x_1)^2 + (y_2 - y_1)^2}$$

となります。

2-1-2 4次元以上のデータの距離

データ間の距離は2次元だけではなく、4次元以上でも計算することができます。たとえば次のような表があったとします。

氏名	国語	数学	英語	理科
一郎	70	80	75	80
次郎	65	81	77	82

このとき、一郎さんと次郎さんの距離は次のように計算します。

$$\begin{aligned}\text{距離} &= \sqrt{(70-65)^2 + (80-81)^2 + (75-77)^2 + (80-82)^2} \\ &= \sqrt{25+1+4+4} \\ &= \sqrt{34}\end{aligned}$$

上記のように一般的にはn次元のデータの距離は各項目の差分を2乗して合計し、最後に平方根を取ることによって計算できます。

2-2 微分と偏微分

ディープラーニングを理解するために、微分の知識が必須となります。この節ではG検定合格に必要な微分の基本的な内容を見ていきます。

▶▶確認問題

次の各文章を読んで、正しければ○、間違っていれば×をつけてください。

1. $y = ax + b$の直線の傾きは、(yの変化量) / (xの変化量) で計算できる
2. 微分とは、一定の区間内での変化の割合を計算する事である
3. 偏微分は、多変数関数において、すべての編巣を微小変化させたときの関数の増加量を計算している

1.○　2.×　3.×

ここは 必ずマスター!

微分とは

微分とは、関数$y = f(x)$において、xを微小変化させたときのyの変化量の割合のことである。これは、関数のその点における接線の傾きとも解釈することができる

簡単な関数の微分

$y = x^2$を微分すると、$y' = 2x$となるので、$x = 3$の地点での変化の割合は、2×3=6と計算できる

偏微分とは

多変数関数において、ほかの変数は定数として扱い、ある1つの変数を微小変化させたときの関数の変化の割合を計算している

2-2-1 直線の傾きを求める

微分を理解するためには直線の傾きに関する理解が必要です。

直線の傾きは、xの変化量とyの変化量の比率として計算することができます。次の例を見てみましょう。

2点 (0,2) と (4,8) を通る直線の傾きを計算

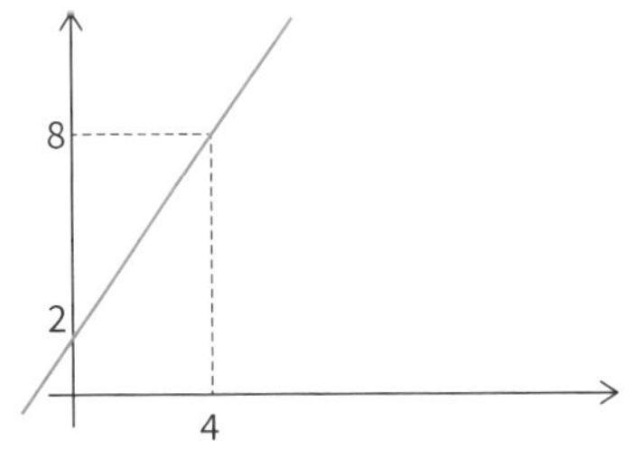

x**の変化量** $= 4 - 0 = 4$

y**の変化量** $= 8 - 2 = 6$

$$\textbf{傾き} = \frac{y\textbf{の変化量}}{x\textbf{の変化量}}$$

$$= \frac{2}{3}$$

2-2-2 微分の基本

微分とは、関数$y=f(x)$ (曲線の関数含む) において、「xを微小変化させたときのyの変化量の割合」と定義することができ、曲線のある点における接線の傾きを計算することと同義です。

厳密に計算して傾きを算出しても良いですが、簡単な関数の場合、傾きを計算する公式があります。関数$f(x)$において、xのとある地点の接線の傾きを計算してくれる数式のことを、導関数 $f'(x)$と呼びます。

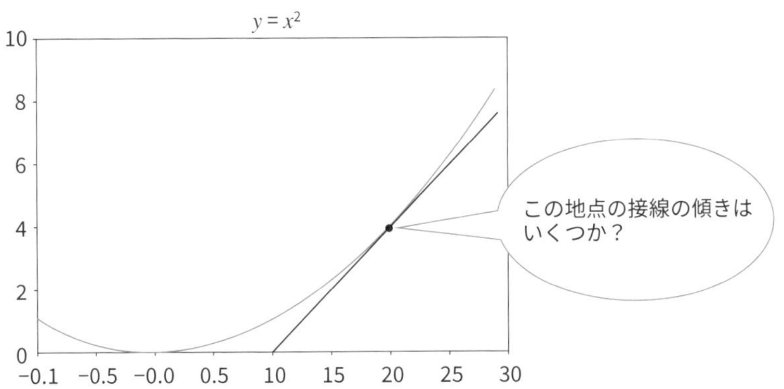

公式1　$f(x)=x^n$ の関数の導関数

$$f'(x) = nx^{n-1}$$

公式2　定数関数の微分はゼロ

$f(x) = a$ (aは定数) において

$$f'(x) = 0$$

公式3　関数の和の微分

2つの関数 $f(x)$ と $g(x)$ において、$h(x) = f(x) + g(x)$ とする。

$$h'(x) = f'(x) + g'(x)$$

関数の和を微分は、最初に微分した導関数の和と等しい。

公式4　定数倍の微分

2つの関数 $f(x)$ と $g(x)$ において、$g(x) = a \times f(x)$ とする。（a は定数）

$$g'(x) = a \times f'(x)$$

以上の公式を利用して次の例題を考えてみましょう。

例　関数 $f(x) = 2x^3 + 4x + 1$ の $x = 2$ 地点の接線の傾きを計算せよ。

公式を元に $f(x)$ の導関数を計算していきます。

$$f'(x) = 2(3x^2) + 4 + 0$$
$$= 6x^2 + 4$$

よって

$$f'(2) = 6 \times 4 + 4 = 24 + 4 = 28$$

$x = 2$ 地点の接線の傾きは28となる。

2-2-3 偏微分

前項の微分は変数が x のみの1変数関数の微分でしたが、$z = 2x + 3y$ などの2変数以上の関数に対しても微分をすることができます。

$z = 2x + 3y$ には、x と y の2種類の変数があります。このとき、1つの変数だけに着目して残りの変数は定数とみなして微分することを偏微分と呼びます。

（例1）$z = 2x + 3y$ を x で偏微分する

x 以外の変数（今回の例では y）を定数とみなすので、$z = 2x +$（定数）を微分することと同じです。

よって、x で偏微分した結果は2となります。

（例2）$z = x + 3y^2 + xy + 2$ を y で偏微分する。

y 以外を定数とみなすので $z =$ 定数 $+ 3y^2 +$（定数）$y + 2$ を微分するのと同じです。

よって y で偏微分した結果は $6y + x$ となります。

2-3 行列とベクトル

機械学習で扱うデータは表形式のデータであることが多くあります。表形式のデータを数学的に扱うためにはベクトルと行列の知識が必要になります。この節では、行列とベクトルの基本について学習していきます。

▶▶ 確認問題

次の各文章を読んで、正しければ○、間違っていれば×をつけてください。

1. 行列はn行m列のデータである
2. 横ベクトル[2,1]と、縦ベクトル$[5,6]^T$の積を計算すると、15となる
3. アフィン変換では、縮尺変換、回転、平行移動、せん断が可能

1.○　2.×　3.○

ここは 必ずマスター!

ベクトルとは

ベクトルとは、縦方向または横方向にデータを並べてひとまとめにしたデータ集合の事である。

行列とは

行列とは、n行m列の表形式のデータ集合である(nまたはmが1のときはベクトルと同義)。

横ベクトルと縦ベクトルの積(内積)

横ベクトル[1,3]と縦ベクトル[1,2]Tの積(内積)は、1×1＋3×2=7である。

2-3-1 ベクトル

1個以上の数値を縦または横に並べてひとまとめにしたデータをベクトルと呼びます。

・縦ベクトル…n行1列のベクトル

(例) 2行1列で12と23というデータを管理するベクトル $\begin{bmatrix} 12 \\ 23 \end{bmatrix}$

・横ベクトル…1行n列のベクトル

（例）　1行3列で2,7,5の3つのデータを管理するベクトル…[2 7 5]

2-3-2 ベクトルの計算

ベクトル同士の足し算

ベクトル同士の足し算は対応する要素同士を足し算します。よって、計算結果もベクトルになります。

例 $\begin{bmatrix} 20 \\ 30 \end{bmatrix} + \begin{bmatrix} 5 \\ 10 \end{bmatrix} = \begin{bmatrix} 25 \\ 40 \end{bmatrix}$

なお、ベクトルの足し算は、縦ベクトル同士か、横ベクトル同士でのみ行い、縦ベクトルと横ベクトルの足し算はすることができません。

ベクトル同士の掛け算（内積）

ベクトル同士の積は一般的に、横ベクトルと縦ベクトルで計算を行い、順番が対応する要素同士を掛け算した後に最後に総和を取ります。

よって、計算結果はただの数値となります。

例1 $\begin{bmatrix} 2 & 7 & 5 \end{bmatrix} \cdot \begin{bmatrix} 3 \\ 6 \\ 9 \end{bmatrix} = 2 \times 3 + 7 \times 6 + 5 \times 9$

$= 6 + 42 + 45 = 93$

例2 $\begin{bmatrix} 1 & 2 & 4 \end{bmatrix} \cdot \begin{bmatrix} 5 \\ 6 \\ 7 \end{bmatrix} = 1 \times 5 + 2 \times 6 + 4 \times 7$

$= 5 + 12 + 28 = 45$

この計算のことをベクトルの内積計算とも呼んだりします。

2-3-3 転置ベクトル

あるベクトルにおいて、要素の値と順番はそのままで縦横を反転させる処理を転置と呼びます。

（例） 縦ベクトル$\begin{bmatrix} 2 \\ 4 \end{bmatrix}$の転置は、横ベクトル$\begin{bmatrix} 2 & 4 \end{bmatrix}$

また、ベクトルを文字式で表現しているとき、文字の右肩にTと書くことにより、転置を表現します。

$\boldsymbol{a} = \begin{bmatrix} 2 \\ 4 \end{bmatrix}$とおくと、$\boldsymbol{a}^T = \begin{bmatrix} 2 & 4 \end{bmatrix}$

2-3-4 行列

ベクトルは、1行または1列のデータでしたが、n行m列の表形式のデータを行列と呼びます。

（例） 2行3列の行列$\begin{bmatrix} 2 & 7 & 8 \\ 10 & 3 & 9 \end{bmatrix}$

行列とベクトルの積

行列は、「横ベクトルが複数個ある」または「縦ベクトルが複数個ある」と捉えることができます。「横ベクトルが複数個ある」と捉えると、行列とベクトルの積を計算することができます。

$$\begin{bmatrix} 1 & 3 \\ 2 & 4 \end{bmatrix}\begin{bmatrix} 5 \\ 6 \end{bmatrix} = \begin{bmatrix} 1\times5+3\times6 \\ 2\times5+4\times6 \end{bmatrix}$$
$$= \begin{bmatrix} 23 \\ 34 \end{bmatrix}$$

行列の1行目を横ベクトルとして、積の計算

行列の2行目を横ベクトルとして、積の計算

上の結果をみて分かるように、行列とベクトルの積の計算結果はベクトルになります。

アフィン変換

縦ベクトルxに対して、行列Aと縦ベクトルbを用いて、

$$y = Ax + b$$

という変換をすることができます。この変換のことをアフィン変換と呼び、画像処理やディープラーニングで広く用いられています。

アフィン変換は、幾何的には次の特徴をもちます。

・拡大・縮小…一定の比率を維持して図形を拡大縮小
・せん断…図形をゆがませる
・回転…原点を中心にして、図形を回転させる
・平行移動…図形の形や向きはそのままで位置だけ変える

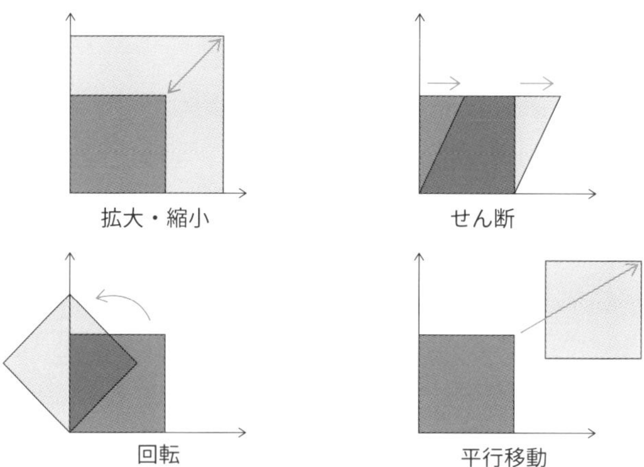

2-3-5 コサイン類似度

2つのベクトルが似ているか（同じ向きを向いているか？）を図る指標にコサイン類似度という指標があります。コサイン類似度は次の計算式で計算できます。

ベクトル $a = [a_1, a_2 \cdots, a_n]^T$, $b = [b_1, b_2 \cdots, b_n]^T$ において

aとbのコサイン類似度 $= \dfrac{a_1 b_1 + a_2 b_2 + \cdots a_n b_n}{\sqrt{a_1^2 + \cdots + a_n^2}\sqrt{b_1^2 + \cdots + b_n^2}}$

コサイン類似度は−1～+1の間の値を取り、値が大きければ似ていると解釈します。

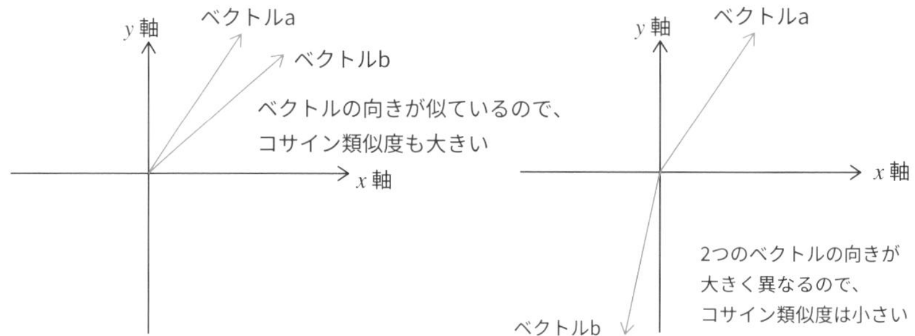

2-4 確率と情報理論

▶▶確認問題

次の各文章を読んで、正しければ○、間違っていれば×をつけてください。

1. P(A|B)はAという事象が生じたときに、Bという事象が生じる確率を意味する
2. 情報理論では、発生確率が大きいデータのもつ情報は小さいと考える
3. 対数関数を利用することにより、情報量を計算する事ができる

1.×　2.○　3.○

ここは 必ずマスター！

確率とは

確率とは、ある現象の起こりやすさを表した指標である。0～1の間をとり、大きい程起こりやすい。

条件付確率とは

$P(B|A)$は、Aという条件のもとBが起こる確率である。

情報理論とは

情報理論とは、データから得られる情報を数学的に考える学問である。

2-4-1 確率

確率とは、ある現象の起こりやすさを表す数値的な指標であり、ある現象と起こりうるすべての現象の割合です。Aという現象がおこる確率をP（A）と表現します。

（例）目の出やすさが均等になるようにつくられた1～6のサイコロがある。このサイコロを1回振ったとき、偶数が出る確率はいくつか？

サイコロの出目は全部で{1,2,3,4,5,6}　の6通り
偶数の出目は全部で{2,4,6}の3通り
偶数が出るという現象をAとおくと、求める確率は

$$P(A)=\frac{3}{6}=\frac{1}{2}$$

2-4-2 確率変数と確率分布

確率変数

確率変数とは、起こりうる事柄に割り当てられている値を取る変数のことです。たとえば、目の出やすさが均等につくられた1～6のサイコロを1回振る場合、確率変数をxと置くと、xの取りうる値は1,2,3,4,5,6のどれかとなります。

確率分布

確率分布とは、確率変数に対して、各々の値をとる確率を表したものです。たとえば、目の出やすさが均等につくられた1～6のサイコロを1回振る場合、確率変数をxと置き、確率分布をf(x)とすると、

$$f(x)=\frac{1}{6}\quad(x\text{は}1,2,3,4,5,6)$$

と表すことができます。

統計学や機械学習でとても重要な確率分布に正規分布と呼ばれる分布があります。

正規分布は、σ（標準偏差）とμ（算術平均）という2つのパラメータを設定すると一意に決まる分布であり、正規分布を表す数学的な関数は次のとおりです。

$$f(x)=\frac{1}{\sqrt{2\pi}\sigma}\exp\left(-\frac{(x-\mu)^2}{2\sigma^2}\right)$$

非常に複雑な式ですので、詳細は割愛しますが、機械学習の勉強を進めていく上で重要な数式ですので目を通しておきましょう。

また、正規分布は数式としては非常に難解な形をしておりますが、分布の形状としては至ってシンプルです。

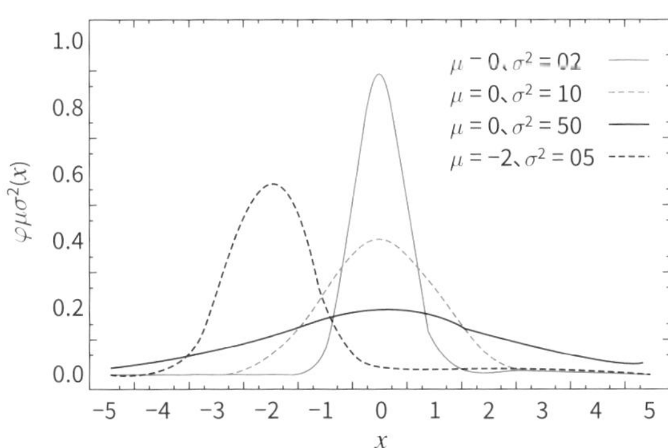

図は、さまざまなμとσの値で正規分布を描画しています。正規分布は、左右対称の一峰性の山状の分布です。

2-4-3 期待値

期待値とは、確率分布が離散的な場合、「確率変数とその確率の積の合計」と計算することができます。

（例）目の出やすさが均等なサイコロを1回振ったときの出目の期待値

目	1	2	3	4	5	6
確率	1/6	1/6	1/6	1/6	1/6	1/6

$$
\begin{aligned}
\text{期待値} &= 1\cdot\frac{1}{6}+2\cdot\frac{1}{6}+3\cdot\frac{1}{6}+4\cdot\frac{1}{6}+5\cdot\frac{1}{6}+6\cdot\frac{1}{6} \\
&= \frac{1+2+3+4+5+6}{6} \\
&= \frac{21}{6} \\
&= 3.5
\end{aligned}
$$

（例）じゃんけんを1回行い、勝てば300円もらえて、それ以外（負けかあいこ）の場合、50円もらえるゲームの場合

もらえる額	300円	50円
確率	1/3	2/3

$$
\begin{aligned}
\text{期待値} &= 300 \cdot \frac{1}{3} + 50 \cdot \frac{2}{3} \\
&= \frac{300+100}{3} \\
&= \text{約 } 133.3
\end{aligned}
$$

2-4-4 条件付確率

Aという条件のもとにBが起こる確率を考えることを条件付確率と呼び、$P(B|A)$と表現します。

条件付確率は次の公式で計算できます。

$$P(B \mid A) = \frac{P(B \cap A)}{P(A)}$$

※　$B \cap A$はBかつAを表す。

また、この条件付確率の公式を利用して次の「ベイズの定理」という公式が導出できます。

ベイズの定理

$$P(B \mid A) = \frac{P(A \mid B)}{P(A)} P(B)$$

このベイズの定理は教師あり学習で有名な「ベイズ分類」で利用されているとても重要な定理です。

2-4-5 情報理論

自己情報量

情報理論とは数学を用いて情報の本質を明らかにするための学問であり、機械学習を支える技術の1つです。ある確率によってデータが発生したとしましょう。このとき、情報理論では、発生確率が低いと、そのデータのもつ情報量が多いと考えます。確率は0~1の間の値しかとらないので、対数関数logを取ってあげます。

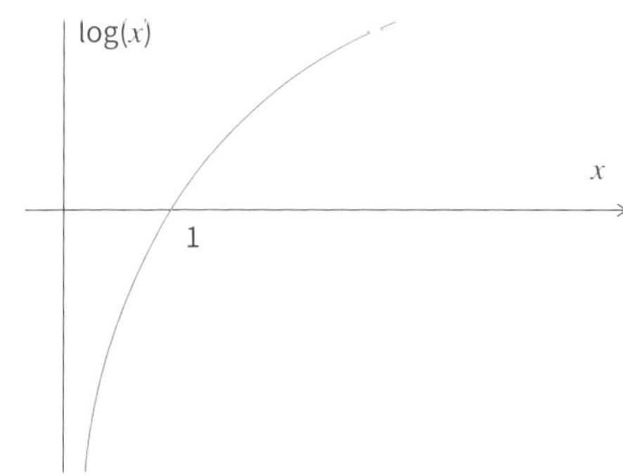

対数は指数関数とは深いつながりがあります。

例として$8=2^3$という等式を対数のlogをつかって表現すると

$$3 = \log_2 8$$

と表現することができます。

ちなみにlogの下についてる小さな添え字は底と呼びます。底の表記は省略されることが多く文脈で理解する必要がありますが、底がどのような値であれ、グラフの概形は変わりません（0になると－∞で、1のとき0になる）。

確率は0～1の範囲なのでlog（確率）の値は、前図より、－∞～0の範囲に広がりました。

情報を単純な確率では無くて対数関数で表現するメリットはほかにもあります。たとえば、2つの独立な事象が同時に起こった場合、確率は積で表現されます。

（AとBが同時に起こる確率）=（Aが起こる確率）×（Bが起こる確率）

対数の特徴として、積の対数は対数の和に分解できます。

$$\log(A \times B) = \log(A) + \log(B)$$

よって、情報量を表現するために対数を取ることによって、2つ以上の事象が同時に起こった場合の情報量は単純な和として表現することができます。

もう少し、情報と対数の関係について考えてみましょう。前述したように、確率が低い現象が起きたときは情報量が多いと考えます。このときのlog（確率）の値は、－∞になりますが、情報量が多いのに－∞だと直感的に分かりづらいので、log（確率）に－1倍してあげます。

この－log（確率）の値を自己情報量と呼びます。

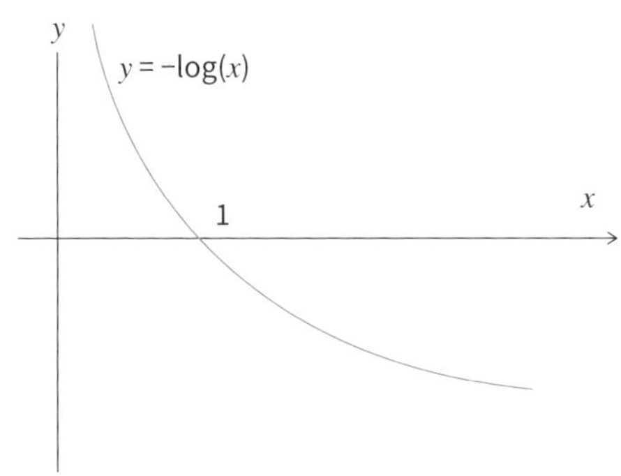

エントロピー

起こりうるすべての事象において、その確率と自己情報量を掛け合わせたものの総和をエントロピー（別名：平均情報量）と呼びます。平均情報量はすべての事象が等確率で発生するときに最大化します。

簡単な例で、平均情報量を計算してみましょう。

（例1）目の出やすさが均等なサイコロを1回振ったときの平均情報量

目	1	2	3	4	5	6
確率	1/6	1/6	1/6	1/6	1/6	1/6

$$
\begin{aligned}
\text{平均情報量} &= -\log\frac{1}{6}\cdot\frac{1}{6}-\log\frac{1}{6}\cdot\frac{1}{6}-\log\frac{1}{6}\cdot\frac{1}{6}-\log\frac{1}{6}\cdot\frac{1}{6}-\log\frac{1}{6}\cdot\frac{1}{6}-\log\frac{1}{6}\cdot\frac{1}{6} \\
&= 6\times-\log\frac{1}{6}\cdot\frac{1}{6} \\
&= -\log\frac{1}{6}
\end{aligned}
$$

（例2）あいこも負けとみなすじゃんけんを1回行ったときの平均情報量

結果	勝ち	負け
確率	1/3	2/3

$$
\begin{aligned}
\text{平均情報量} &= -\log\frac{1}{3}\cdot\frac{1}{3}-\log\frac{2}{3}\cdot\frac{2}{3} \\
&= -\frac{\log\left(\frac{1}{3}\right)+2\log\left(\frac{2}{3}\right)}{3}
\end{aligned}
$$

（対数のテクニックを使うと式を簡潔にすることができますが、ここでは割愛します）

相互情報量

エントロピーの概念を利用すると、Aという現象と、Bという現象の関連度合いを測ることができます。Aという現象に関するエントロピーと、Bという現状が生じていることが事前に分かったうえでのAのエントロピーを計算し、その2つのエントロピーの差分を取ることによって相互情報量を調べることができます。（Bのエントロピーではないので注意が必要）

AとBが関係ないならば、Bという情報があってもなくてもAのエントロピーは変わらないはずであり、差分は0になるはずです。この差分の値を相互情報量と呼びます。

KLダイバージェンス

KLダイバージェンスとは、2種類の確率分布がどの程度異なっているか図る指標の1つです。

確率分布の関数P(x)とQ(x)が離散のとき、次の計算で求めることができます。

$$\mathrm{DKL}(P \parallel Q) = \sum_i P(i) \log \frac{P(i)}{Q(i)}$$

KLダイバージェンスの次の性質は押さえておきましょう。

・非負の値をとる

・P(x)とQ(x)同じ場合,値は0になる

・公式は、PとQに関して非対称である

▶▶ 章末問題

問題1 以下の関数zをyについて偏微分した後の式として適切な選択肢を1つ選べ。

$$z = x^2 + 3x - 5y^2 + 3y - 10$$

1. $2x + 4$
2. $2x - 1$
3. $-10y + 3$
4. $2x - 10y + 6$

問題2 以下の関数zをxについて偏微分した後の式として適切な選択肢を1つ選べ。

$$z = x^2 + 3x - 5y^2 + 3y - 10$$

1. $2x + 3$
2. $2x - 10$
3. $-10x + 3$
4. $5y + 3x - 10$

問題3 以下の関数zをyについて偏微分した後の式として適切な選択肢を1つ選べ。

$$z = x^2 y + 2xy + 4y^3 + 4y^2 + 4x^3 + 2x + 7y$$

1. $2x + 2xy + 2$
2. $x^2 + 2x + 12y^2 + 8y + 7$
3. $8y + 7$
4. $10y + 7$

問題4 次の2つのベクトルw、xをもとにyを計算する。

$$\boldsymbol{w} = \begin{bmatrix} 0.2 \\ 0.6 \\ -0.5 \end{bmatrix}, \boldsymbol{x} = \begin{bmatrix} x_1 \\ x_2 \\ x_3 \end{bmatrix}$$

$$\boldsymbol{y} = \boldsymbol{w}^T \boldsymbol{x}$$

$x_1 = 1, x_2 = 2, x_3 = 3$のとき、$y$の値はいくつになるか。

1. -0.2
2. -0.1
3. 0.25
4. 0.2

問題5 次の2つのベクトルw、xをもとにyを計算する。

$$w = \begin{bmatrix} 2 \\ 4 \\ 6 \end{bmatrix}, x = \begin{bmatrix} x_1 \\ x_2 \\ x_3 \end{bmatrix}$$

$$y = w^T x$$

$x_1 = 0, x_2 = 0.5, x_3 = 1$のとき、$y$の値はいくつになるか？

1. 7.0
2. 7.5
3. 8.0
4. 8.5

問題6 次の2つのベクトルw、xをもとにyを計算する。

$$w = \begin{bmatrix} -0.2 \\ 0.4 \\ -0.5 \end{bmatrix}, x = \begin{bmatrix} x_1 \\ x_2 \\ x_3 \end{bmatrix}$$

$$y = w^T x$$

$x_1 = -1, x_2 = -1, x_3 = 1$のとき、$y$の値はいくつになるか。

1. -0.7
2. -0.6
3. 0.7
4. 0.6

問題7 以下の文章を読み、空欄に最もよくあてはまる選択肢を1つ選べ。

情報理論とは、機械学習を技術的に支える考え方の1つである。自己情報量は情報の珍しさを示すものであり、(ア) 関数に-1をかけた形で 表せることができるため、その事象の起こる確率が低ければ低いほど自己情報量は大きい。反対に確実に事象が起こる場合は情報量は (イ) となる。

(ア) の選択肢

1. 指数
2. 三角
3. 対数
4. 有理

(イ) の選択肢

1. 1
2. 0
3. 無限大
4. マイナス無限大

問題8 ベイズの定理として適切なものを1つ選べ。

1. $P(B|A)=\dfrac{P(A|B)}{P(B)}P(A)$

2. $P(B|A)=\dfrac{P(B|A)}{P(A)}P(B)$

3. $P(B|A)=\dfrac{P(A|B)}{P(A)}P(B)$

4. $P(B|A)=\dfrac{P(A|B)}{P(A)}P(A)$

問題9 次の計算式で表現される確率分布を選べ。

$$f(x) = \frac{1}{\sqrt{2\pi\sigma}} \exp\left(-\frac{(x-\mu)^2}{2\sigma^2} \right)$$

1．t分布

2．正規分布

3．指数分布

4．f分布

解答と解説

問題1　**正答 3**

yで偏微分するので、xは定数とみなす。

よって、

$$z = 定数 + 定数 - 5y^2 + 3y - 5$$

を微分する。よって、偏微分した結果は$-10y + 3$

問題2　**正答 1**

xで偏微分するので、yは定数とみなす。

よって、

$$z = x^2 + 3x - 定数 + 定数 - 10$$

を微分する。よって、偏微分した結果は、$2x + 3$

問題3　**正答 2**

yで偏微分するので、xは定数とみなす。

よって、

$$z = (定数)y + 2(定数)y + 4y^3 + 4y^2 + (定数) + (定数) + 7y$$

を微分する。よって、微分すると、$2xy + 2x + 12y^2 + 8y + 7$

問題4　**正答 2**

wとxは縦ベクトルであるので転置したw^Tは横ベクトルである。よって、yの計算は2つのベクトルの内積計算になる。

$$\begin{aligned} y &= 0.2 \times 1 + 0.6 \times 2 - 0.5 \times 3 \\ &= 0.2 + 1.2 - 1.5 \\ &= -0.1 \end{aligned}$$

問題5　**正答 3**

問4と同様に計算すればよい。

$$\begin{aligned} y &= 2 \times 0 + 4 \times 0.5 + 6 \times 1 \\ &= 2 + 6 \\ &= 8 \end{aligned}$$

問題6　**正答 1**

問４と同様に計算すればよい。

$$y=-0.2\times(-1)+0.4\times(-1)-0.5\times1$$
$$=0.2-0.4-0.5$$
$$=-0.7$$

問題7　**正答 3**

（ア）の選択肢　正答3

確率にたいして対数関数を取ることにより、2つ以上の事象が同時に起こった場合、情報量を単純な和として考えることができる。

（イ）の選択肢　正答２

確実にその事象が生じるということは確率は１となる。log1＝0　より、 情報量は0となる。

問題8　**正答 3**

選択肢２と４は明らかに不適切であることがわかる。

選択肢２が不適切な理由…左辺と右辺両方にP（B|A）が出現している。

選択肢4が不適切な理由…右辺で約分が発生している。

問題9　**正答 2**

解説、確率変数のxのほかに、パラメータのμとσが出てきている。よって選択肢の中で最も適当なものは選択肢2の正規分布ということがわかる。

機械学習の概要

3-1 機械学習の概要

機械学習とは、データをコンピュータに与えることによって、コンピュータがデータの傾向や法則性を自動で導き出す手法の総称です。この節では機械学習が大きく分けてどういう分類になるのかを見ていきます。

▶▶ 確認問題

次の機械学習の種類として、正しいものは○、間違っているものには×をつけてください。

1. 教師あり学習
2. 教師なし学習
3. 半教師あり学習

1.○　2.○　3.○

ここは 必ずマスター！

機械学習の種類

機械学習には、大きく分けて、教師あり学習、教師なし学習、半教師あり学習、強化学習があり、よくビジネス応用されているものは教師あり学習と教師なし学習である。

機械学習には大きく分けて次の4種類あります。

1. 教師あり学習
2. 教師なし学習
3. 半教師あり学習
4. 強化学習

この中でも教師あり学習と教師なし学習がよく使われる手法であり、G検定でも頻出しています。この章では、教師あり学習と教師なし学習を重点的に紹介していきます。

3-2 教師あり学習の概要

▶▶確認問題

次の各文章を読んで、正しければ〇、間違っていれば×をつけてください。

1. 教師あり学習は、正解ラベルを必要とせずデータ間の相関を調べる学習である
2. 回帰とはカテゴリを予測する教師あり学習である
3. 入力に利用されるデータは、目的変数とも呼ばれる

1.×　2.×　3.×

ここは 必ずマスター!

教師あり学習の概要

教師あり学習は、入力データから何かしらの予測値を計算するための機械学習である。

教師あり学習の種類

数値を予測する教師あり学習を回帰、カテゴリを予測する教師あり学習を分類と呼ぶ。

データの名称

入力に利用されるデータの項目を特徴量や説明変数。予測したい正解データを、正解ラベルや目的変数と呼ぶ。

3-2-1 概要

教師あり学習とは、事前に用意したサンプルデータ（訓練データ）から予測値を出力する仕組みを表します。

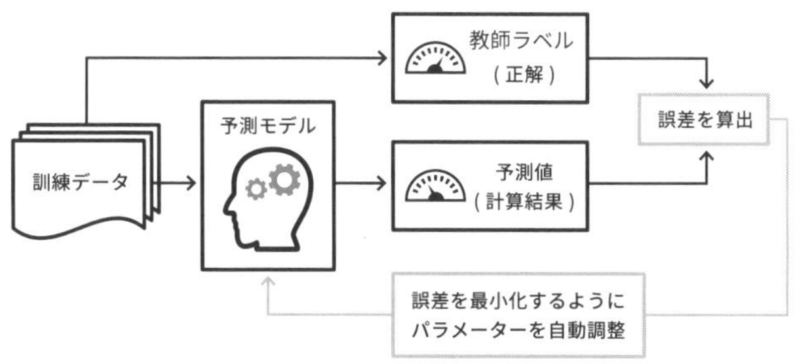

訓練データには教師ラベルと呼ばれる正解が含まれており、予測モデルは出力した予測値と正解を比較することで、予測値が正しかったのか間違っていたのかを判断することができます。

また、正解と予測値が間違っていた場合、どのくらい間違っていたのかという予測誤差も算出できるため、この予測誤差ができるだけ小さくなるように、予測モデル内の各種パラメータを自動で更新させることで、予測精度の向上を行っています。

たとえば、過去100日分の最高気温とアイスクリームの売り上げに関する散布図を例に考えてみます。

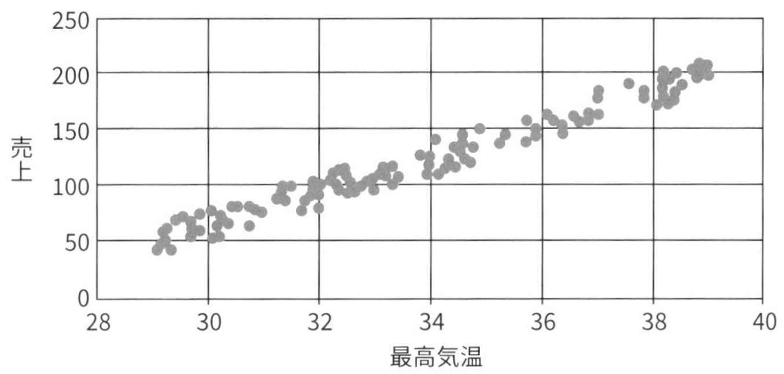

図では、最高気温が高くなるにつれて、アイスクリームの売上が高くなっていることがわかります。

散布図をもとに、最高気温が34度の日に、どのくらいアイスクリームの売り上げになりそうかを考えるときに、過去の実績値の34度を見てみると、125万円くらいになりそうだ、ということがわかります。

この例では、気温（入力値）から売上（出力値）を予測するために、売上の実績値（正解ラベル）を含む100件のサンプルデータをもとに、売上の傾向や法則性を考察しました。

サンプルデータを散布図にプロットしたところ、「きれいな右肩上がりの直線関係」という法則性を見出すことができたため、売上を予測したい気温を入力することで、予測値が出力できるということになります。

このように、教師あり学習とは、「入力のデータと、予測したい出力データを大量に集めて、入力データから出力データを予測するための法則性を考える」方法と表現できます。

3-2-2 回帰と分類

教師あり学習は、大きく分けて「回帰」と「分類」の2種類に分けることができます。両者の違いは、予測したい出力データの種類です。

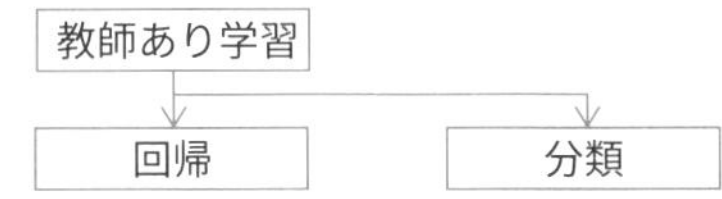

回帰…出力データが細かい数値（連続値）

例　気温を入力として、アイスの売上額を予測

例　立地や築年数を入力として、マンションの家賃を予測

例　過去10日間の株価を入力として、明日の株価を予測

分類…出力データが、文字列や整数などのカテゴリカルな値（離散値）

例　機材の稼動状況を入力として、その機材が「正常」か「故障」かを予測

例　動物の画像を入力として、その画像が「犬」か「猫」か「それ以外」かを予測

回帰と分類で使用する手法が異なります。

3-2-3 教師データ

教師あり学習において、予測に利用するデータの項目のことを、説明変数や特徴量と呼びます。また、予測したいデータのことを、目的変数や正解ラベル（または単にラベル）と呼びます。そして、入力（つまり特徴量）と出力（つまり正解ラベル）のペアデータのことを、教師データと呼びます。

先の最高気温とアイスクリームの売上例に当てはめると、予測したい「アイスクリームの売上」が「目的変数」であり、予測に利用する「最高気温気温」が「特徴量」に該当します。そして、その「気温と売上のペアデータ100件分」が「教師データ」です。

教師データは集めた件数が多くなればなるほど、予測性能が良くなる傾向があります。

3-3 教師あり学習の種類

▶▶ 確認問題

次の各文章を読んで、正しければ○、間違っていれば×をつけてください。

1．線形回帰には、単回帰分析と重回帰分析がある

2．ランダムフォレストは、決定木を大量に作り、多数決をさせることである

3．SVMはカーネル法を使うと、非線形な分類問題にも対応できる

1.○　2.○　3.○

ここは 必ずマスター！

線形回帰

線形回帰は、回帰の手法の1つであり正解ラベルを予測するための直線の予測式を作成する。特徴量が1つの回帰を単回帰分析と呼ぶ。

決定木

決定木は、不純度が最も小さくなるように、条件分岐をつくっていきデータを振り分ける手法である。回帰と分類の両方で利用する事ができる手法である。

ランダムフォレスト

ランダムフォレストは、教師データを元に、決定木を大量につくる手法である。未知データを予測するときは、すべての木に対して同時に予測させ、それらの多数決をとって最終的な予測結果とする。

3-3-1 線形回帰

線形回帰は、「回帰」の手法の1つで、最もシンプルなモデルの1つです。

教師データをモデルに渡したときに、モデルは目的変数を予測するための直線の予測計算式を作成します。作成した計算式のことを回帰式とも呼びます。

図のように、目的変数である$\hat{y}$は、説明変数xにaという係数（傾き）をかけて、bという

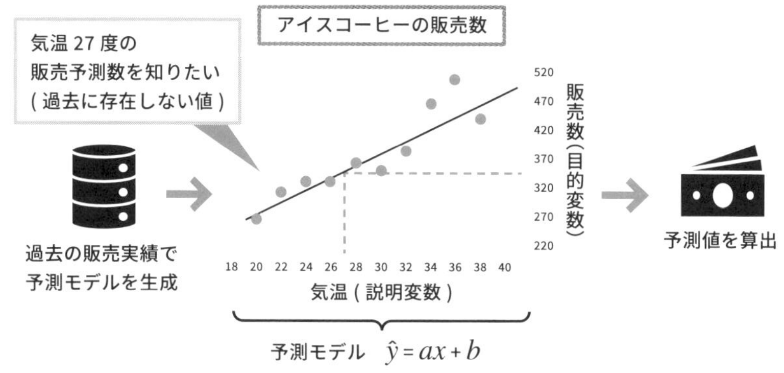

定数（切片）を足すことによって導き出されます。

回帰式で使用する説明変数が1つの場合は単回帰式と呼び、単回帰式による分析手法を単回帰分析と呼びます。また、気温と湿度といった複数の説明変数を用いて行う回帰分析を重回帰分析と呼びます。

重回帰分析での回帰式は次のようになります。

$$\hat{y} = a_1x_1 + a_2x_2 + a_3x_3 + \cdots\cdots + a_mx_m + b$$

式中のx_1からx_mまでが説明変数で、a_1からa_mが各xに対する独立した係数となります。

なお、それぞれの係数aや定数bは最小二乗法という手法によって決定することができます。

また、回帰分析は、単純に予測モデルをつくることを目的するのではなく、説明変数と目的変数の関係性も考察することができます。

たとえば、アイスの売り上げを予測する単回帰分析を行ったときに

（アイスの売り上げ数）＝ 10（気温）＋ 20

という回帰分析の結果を得られたとしましょう。回帰式の偏回帰係数（回帰式の係数のことをいう）を見ることによって、気温が1度上がると、売り上げは10個増加すると考察することができます。

このとき、注意するべきことがあります。母集団全体では実は、気温と売り上げには全く関係がない（つまり、偏回帰係数は0になる）のに、偏ったデータをサンプリングしてしまい、たまたま今回の分析結果で係数が10になってしまった可能性があります。

この可能性については検定という分析手法によって考察することが可能です。

3-3-2 ロジスティック回帰

手法名に「回帰」というキーワードが入っていますが、ロジスティック回帰は「分類」の手法ですので混同しないように気を付けましょう。

たとえば、100人の顧客の「身長・年齢・性別」のデータとある商品を購入したかどうかの正解ラベルがあったとします。

身長	年齢	性別	購入
170	30	1	yes
152	27	0	No
180	35	1	Yes

ロジスティック回帰によって身長・年齢・性別を特徴量として、購入を予測したとします。購入は「yes」と「No」のカテゴリカルな文字列データなので、分類の問題となります。

このデータに対して、ロジスティック回帰を行うと、モデルは購入に関する回帰式を作成してくれます。回帰式は、その顧客が購入してくれる確率を出力するような式で、次の2式で表します。

$$y = 0.1\,(\text{身長}) + 0.1\,(\text{年齢}) - 0.5\,(\text{性別}) + 0.3 \cdots ①$$

$$\text{購入の確率} = \frac{1}{1+e^{-y}} \cdots ②$$

式①では、入力データを利用して線形回帰のときのような値を出力します。しかし、このyの値は理論上、$-\infty \sim \infty$の値を取りうるので、式②を利用して、yの値を変換します。

この関数はシグモイド関数と呼ばれ、どんな値でも0～1の範囲に圧縮することができる関数です。(機械学習では、データを特定の0～1の範囲に圧縮することを正規化と呼んだりします)

学習によって式①の係数を算出しています。この係数は尤度関数（係数を入力として今回サンプリングしたデータが得られる確率を返す関数）を最大化することによって算出ができます。回帰式によって購入確率が計算できたら、その値をもとに最終的な分類を行います。

今回のような2値分類の場合、基本的には購入確率が0.5以上ならば、購入と予測します。

また、今回の例では2値分類を扱いましたが、ロジスティック回帰では3値以上の分類も行うことができます。

3-3-3 決定木

決定木は、分類と回帰の両方で扱うことができる教師あり学習手法です。

教師データを用いて、次のような「木」と呼ばれる図を作成することができます。

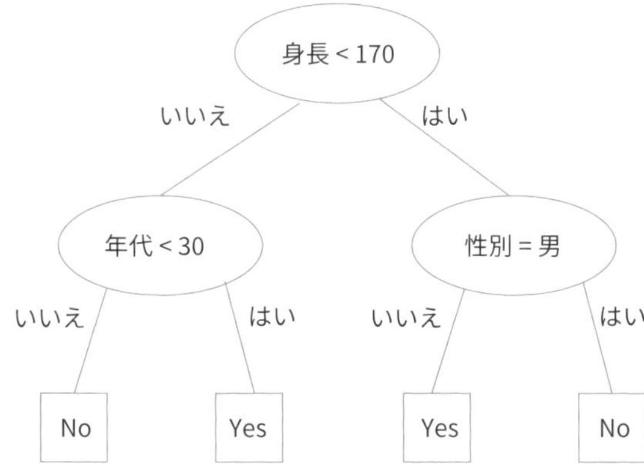

分岐する条件を決める際には、ジニ係数や交差エントロピーなどの不純度と呼ばれる指標を用いて、情報利得と呼ばれる指標を計算します。情報利得が大きい分岐条件は、上位の集団をきれいに分割できることを表すので、正解ラベルの予測に最適の分岐条件ということができます。

分割を繰り返すことによって木を深くすることができますが、必要以上に木を深くすると未知のデータでの予想性能が低下してしまいます。そのため、条件分岐を適切なところでやめる「剪定」と呼ばれる処理を行うことが多いです。

以上のように、決定木による教師あり学習は、特徴量の条件分岐を行い、目的変数の値を予測します。ほかの教師あり学習手法と異なり、学習結果を図で視覚化することができるため、直感的で理解がしやすいという特徴があります。

また、他手法に比べるとデータの前処理が少なくて済むというメリットもあります。

3-3-4 ランダムフォレスト

ランダムフォレストは、分類と回帰の両方で扱うことができる教師あり学習で、教師データをもとに複数の決定木を作成します。未知のデータを予測するときは、すべての木に対して同時に予測させ、それらの多数決（回帰のときは平均値）をとって最終的な予測結果とします。

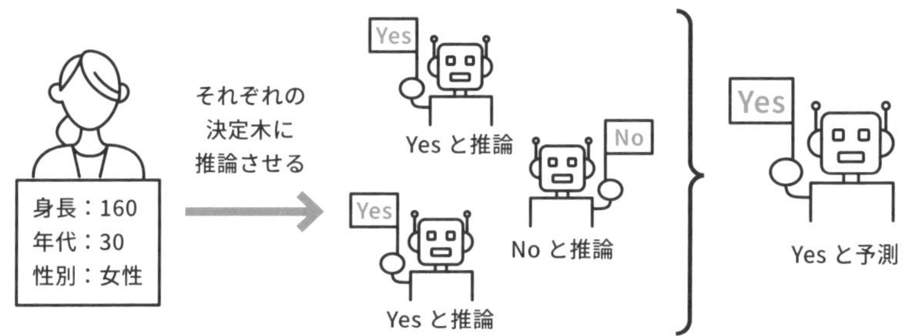

学習時に、大量の決定木をつくりますが、利用するデータと特徴量の種類は、決定木を1つつくるごとにランダムに選択します。そのため、さまざまな決定木が作成されます。

このように、複数個のモデルを組み合わせて、全体で1つのモデルを作成することをアンサンブル学習と呼びます。

3-3-5 ブースティング

ブースティングは、アンサンブル学習の中の1つで、大量の予測モデルを作成して学習させます。ランダムフォレストでは並列的にモデルの学習を行いましたが、ブースティングでは1つずつモデル学習を行います。

1つのモデルの学習が終わり、次のモデルの学習を始めるときに、前のモデルが学習したときの情報を引き継ぎます。情報を引き継ぐことにより、「前のモデルが学習したときにはこのデータで誤った予測をしてしまったので、今回は間違えないように学習する」という調整をすることができます。

ブースティングにはさまざまな種類があり、AdaBoostや勾配ブースティング、XgBoostが有名です。

一般的には、ランダムフォレストよりもブースティングのモデルの方が、良い予測性能を得られやすいですが、モデル学習を逐次的にしか進めることができないため、学習にかかる時間は多くなります。

データ
モデル1
1件目と4件目のデータは間違いやすい
モデル2
⋮

3-3-6 サポートベクターマシン（SVM）

サポートベクターマシンはSVMとも呼ばれます。ディープラーニングが有名になるまで、教師あり学習で人気があった手法の1つで、分類・回帰問題に対処することができます。

SVMの簡単な例を考えてみましょう。

オンラインのショッピングサイトの顧客データを散布図にします。

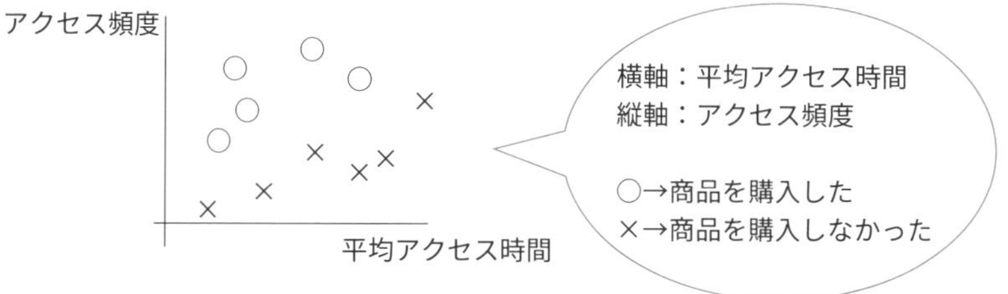

平均アクセス時間とアクセス頻度をもとに、商品を購入したかどうかを分類するという例題を考えてみます。SVMでは、散布図に次のような直線を引くことにより、分類の予測を行います。

なお、散布図でイメージしやすいように、特徴量を2種類だけに絞りましたが、特徴量が3個以上でも行うことができます。

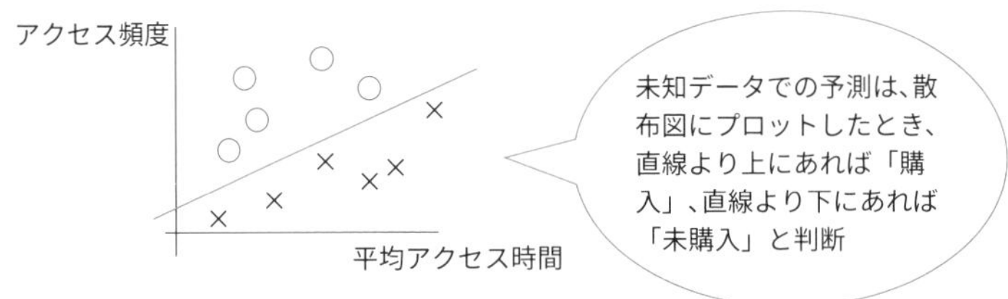

SVMでは、マージン最大化というコンセプトの下で、分類の直線を決めます。

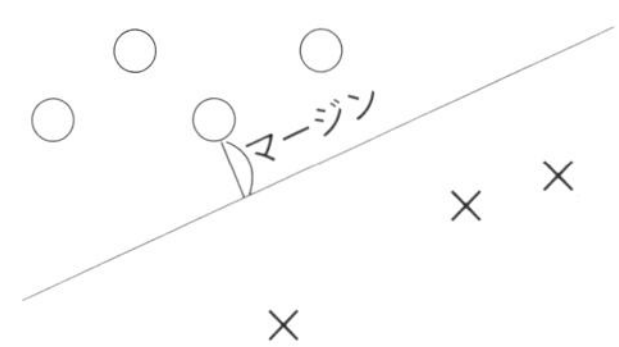

以上のように、SVMは結局のところデータを単純な線形分離を行うことで、2値分類を行いますが、実際のデータでの分類では、データをきれいな直線で分類できることはほとんどありません。

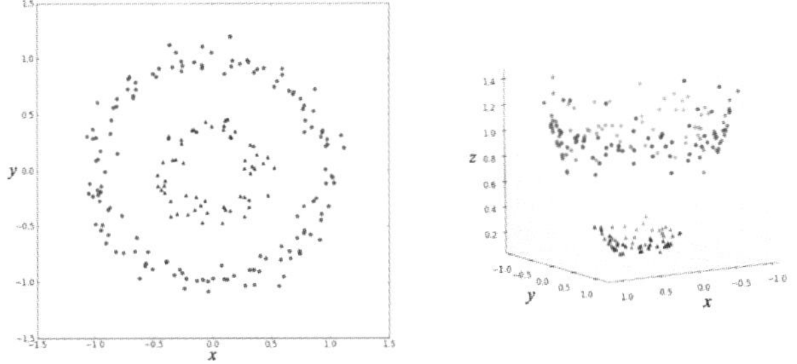

上図は、2値分類のデータを図示化したものです。左図は、2次元平面でデータを描画した散布図です。この図を見ると、データを直線で分類するのは不可能です。しかし、このデータは実は3次元的にみると右図のようになります。

右図をみてみると、簡単な平面で分割できることがわかります。

このように、一般的には低次元では分類できないデータでも、高次元で考えることによって上手く分類できることもあります。

そこで、SVMではよく「カーネル法」という手法を利用して、データを高次元に埋め込んで分類を行います。また、SVMはスラック変数によって、一部のサンプルの誤分類に対して寛容となるような工夫が施されています。

3-3-7 ニューラルネットワーク

ニューラルネットワークは、回帰と分類の両方で利用することができる手法で、人間の脳の構造を模したアルゴリズムです。人間の脳にはニューロンと呼ばれる神経細胞が何十億個と張り巡らされており、これらのニューロンは互いに結びつくことで神経回路という巨大なネットワークを構成しています。

人間は何かの情報を入力として受け取ると、それが電気信号となり、ニューロンに伝わります。その電気信号がネットワーク内をどんどん伝播していくことで、人間の脳は活動しています。

ニューラルネットワークは、この人間のニューロンの特徴を簡易的に再現できないかを試した手法であり、伝播していった先の最終のニューロンの出力値がモデルの予測結果となります。実は、ニューラルネットワークは、ロジスティック回帰の考えを拡張した機械学習手法です。ディープラーニングはこのニューラルネットワークを元にした考え方であり、具体的なアルゴリズムに関しては「第４章　ディープラーニングの基礎」 に譲ります。

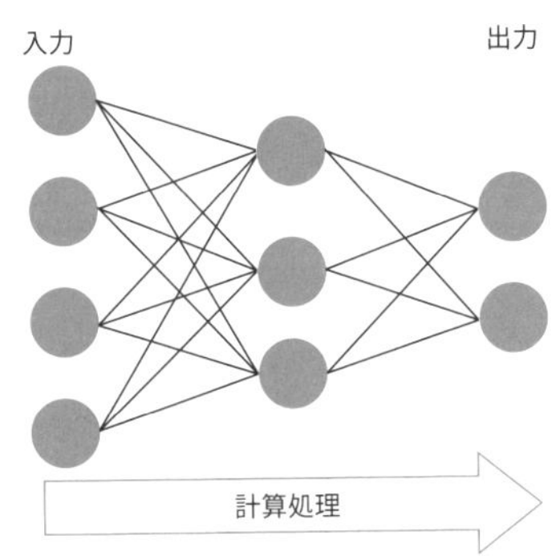

上記はニューラルネットワークのモデル図になります。

図の中で丸い印をニューロンやノードと呼び、縦列に並んでいるニューロンを階層と呼びます。階層は設計者によって定義され、一般に複数の階層が構成されます。

「沢山の階層をもつニューラルネットワーク」をディープニューラルネットワークと呼び、ディープニューラルネットワークを使った学習手法をディープラーニング（深層学習または深層機械学習）と呼びます。

3-4 教師なし学習の概要

▶▶ 確認問題

次の各文章を読んで、正しければ○、間違っていれば×をつけてください。

1. 主成分分析はクラスタリングの手法であり、特徴量同士を組み合わせる事ができる
2. k-means法は 次元削減の手法であり、データをグループ分けする
3. 教師なし学習は、データそのものの特徴や関連性を学習する

1.×　2.×　3.○

ここは 必ずマスター！

教師なし学習とは

教師なし学習は、教師あり学習とは異なり、正解ラベルは必要としない。教師なし学習では、データそのものの特徴や法則性を学習する。

次元削減

次元削減とは、2つ以上の特徴量同士を組み合わせることにより、少ない特徴量にまとめる手法である。特徴量同士の相関関係をみる主成分分析などがある。

クラスタリング

クラスタリングとは、似ているデータ同士をグループ（クラスタ）に分ける分析手法である。代表的な手法にk-means法がある。

3-4-1 教師なし学習の概要

これまで、入力データと正解ラベルのペアである教師データを用いた教師あり学習を紹介してきましたが、機械学習にはほかにも教師なし学習があります。

教師なし学習は、正解ラベルをもたないサンプルデータを用いてデータそのものの特徴や関連性を学習します。たとえば、教師なし学習よってサンプルデータから、各データの類似度をもとに3つのグループに振り分けたり、Aという商品を購入した顧客に対してBという商品を紹介するレコメンデーションシステムをつくることができます。

(例) 学生の試験得点で、似ている得点の取り方をしている生徒をグループ分け

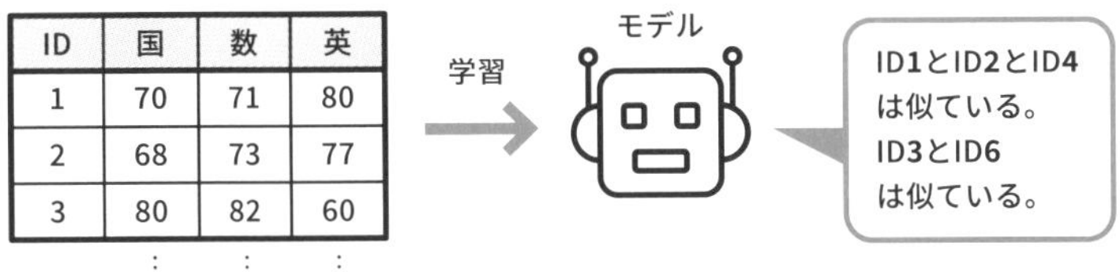

教師あり学習では、教師データをモデルに渡すことで、入力データだけから正解ラベルを予測する予測モデルを作成することができましたが、教師なし学習では、正解ラベルのデータは必要ありません。教師なし学習によって、モデルは「データそのものの特徴や関連性」を学習します。

3-4-2 教師なし学習の種類と利用例

教師なし学習には大きく分けて次の3種類があります。

クラスタリング…大量のデータを似ているもの同士でいくつかのグループに分割するマーケティングなどで、顧客をグループ化（セグメント化）し、グループごとにビジネスアクションを変える。

次元削減…2つ以上似ている特徴量同士を組み合わせることによって、1つの特徴量にまとめる。それにより、可視化などが容易に行える。

レコメンデーション…Aという行動を起こした顧客は次にどういう行動を起こしやすいか分析し、起こしそうな行動を事前に推薦する。オンラインショッピングサイトの商品推薦システムなどに利用されている。

3-4-3 クラスタリング

クラスタリングとは、サンプル同士の類似度をもとに、それらを複数のグループに分ける手法でビジネスにおける顧客のセグメント分けなどデータマイニングの領域で広く利用されています。

オンラインショッピングサイトのアクセスログから、各ユーザーのアクセスあたりの滞在時間とアクセス頻度を散布図にプロットして考えてみます。

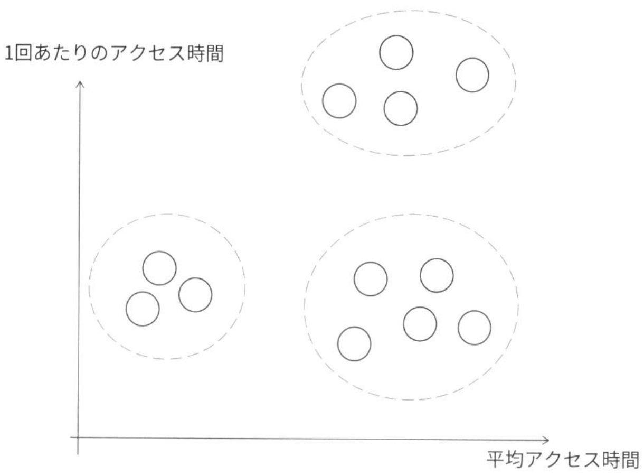

この散布図のようにわかりやすくデータが散らばっていれば、破線のようにグループ分けが簡単にできるでしょう。しかし、このサンプルデータの滞在時間とアクセス頻度という2つの特徴しか考慮していませんが、本来ならばほかにもユーザーの特徴があるはずです。クラスタ分析では、3次元以上のユーザーの特徴を同時に考慮して似ているデータ特性同士のデータをグループ分け（クラスタリング）することができます。

階層型クラスタリング

クラスタリングの手法の1つである階層型クラスタリングは入力データから樹形図を作成することを目的としています。

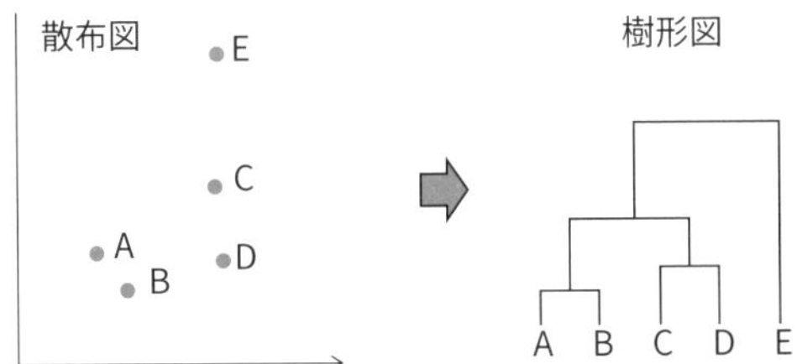

階層型クラスタリングでは、データ間の距離を調べて、距離が近いデータ同士をグループ化していきます。各データ間の距離とグループ化された結果を積み重ねることでできあがるトーナメント表のようなグラフを樹形図（デンドログラム）と呼びます。クラスタ間の距離の測定方法は、ウォード法や、群平均法、最短距離法など、さまざまな計算方法があります。

この樹形図をもとに、すべてのデータをいくつのクラスタに分割できるかを分析者自身が決定します。上記の図では、A・BクラスタとC・Dクラスタ、Eクラスタの3つに分割できると考えることもできますし、A・B・C・DクラスタとEクラスタの2に分割できると考えることもできます。このように階層型クラスタリングでは、どの階層でグループ分け（クラスタリング）を行うかは分析者の判断によって解釈が異なります。

階層型クラスタリングは、樹形図によるデータの可視化が容易な反面、データ件数が多くなると計算量が多くなります。また、件数が多くなるとデンドログラムが視覚的に分かりづらいというデメリットがあるので、階層型クラスタリングは、データ件数が多いときには不適切なクラスタリング手法といわれています。

k-means法

k-means法は階層型クラスタリングと異なり、事前にいくつのクラスタに分割したいかを定義することができます。また階層型クラスタリングに比べて少ない計算量でクラスタリングすることができます。

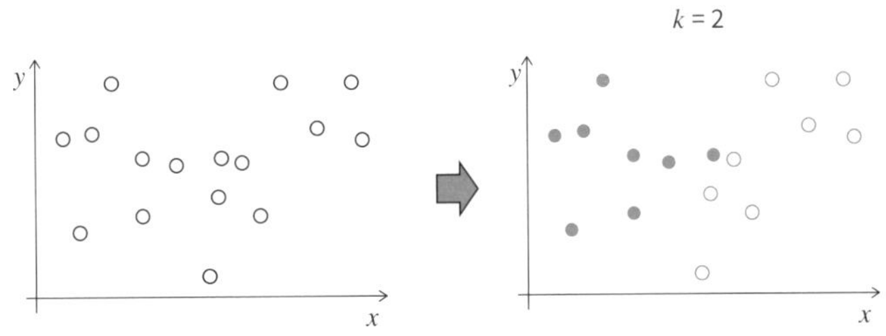

基本的なアルゴリズムは次の通りです。

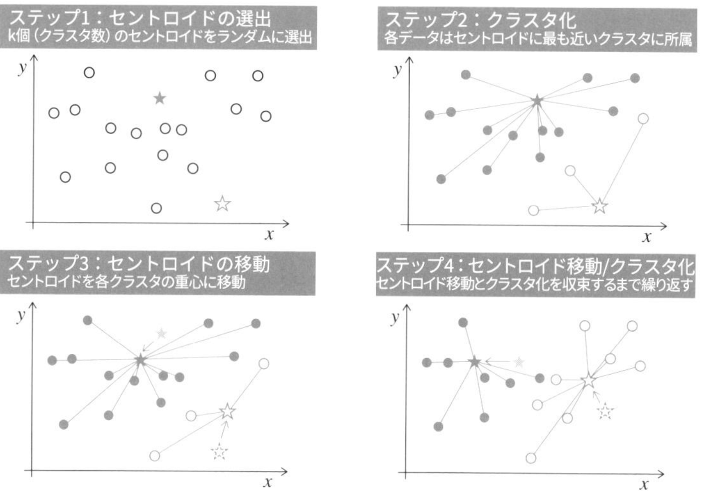

セントロイドの初期値はランダムに決定されるため、同じデータに対してk-means法によるクラスタリングを行うと、分析結果にばらつきが生じます。このため、何度か実行してみて様子をみる必要があります。

また、階層型とk-means法の両者に共通していえることですが、クラスタ分析では、データのクラスタリングを行うだけであり、各クラスタリングの特徴の解釈は人間が行う必要があります。

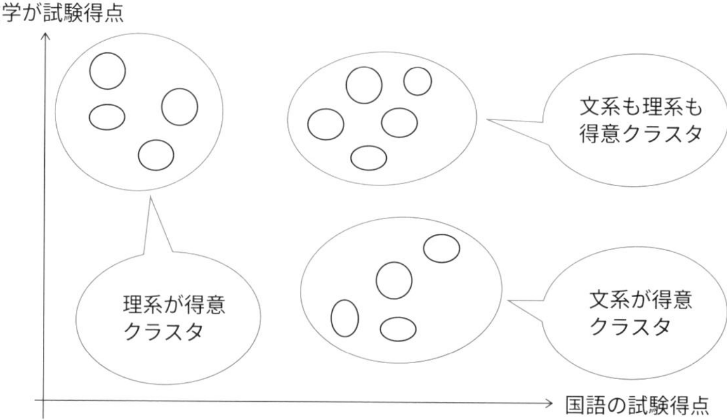

3-4-4 次元削減

近年、ビッグデータというキーワードで騒がれているように、私たちが扱うデータの量は増えています。データ量は表データでの行だけではなく、列項目も大量にあります。列項目が大量にあると、より複雑な現象に関して深く考察ができそうですが、かえって本質を見落としやすくなってしまいます。

簡単な例で考えてみましょう。学生の期末試験の得点を管理している表データがあったとしましょう。このとき、科目は全部で「英語・現代文・古典・数学・英語・物理・化学・世界史・地理」の9科目あったとします。このデータを基にデータ分析をする際に、9科目すべてを考量してもいいですが、物理と化学をまとめて「理科」として扱い、世界史と地理をまとめて「社会」と扱った方が、データが簡潔になります。

さらに、国語・英語・社会をまとめて「文系科目」、数学・理科を「理系科目」とまとめたほうが、簡潔にまとめることができそうです。

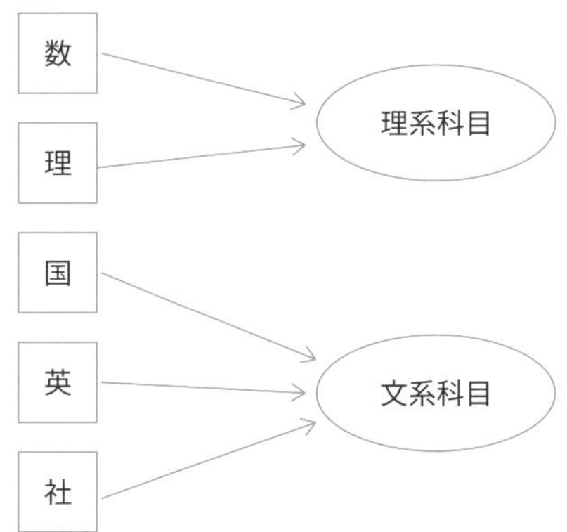

このように、たくさんある項目を合成し、本質的な特徴に絞った項目にまとめることで、項目数を減らす分析のことを次元削減と呼びます。

主成分分析（PCA）

次元削減の手法の1つに主成分分析という分析手法があります。主成分分析は、各項目の相関関係に着目し、相関係数が高い項目同士を組み合わせて、相関関係がない新しい項目に次元を縮約します。

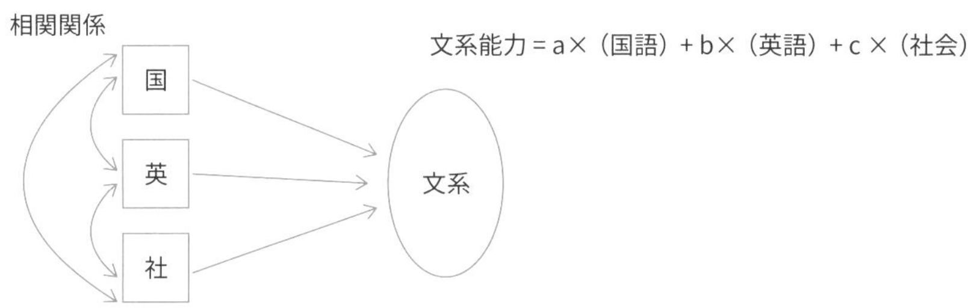

3-4-5 レコメンデーション

ECサイトなどで活用されているレコメンデーション（商品のおすすめ機能）は教師なし学習による分析によって行われています。レコメンデーションの分析に協調フィルタリングとコンテンツベース（内容ベース）フィルタリングなどがあります。

協調フィルタリング

協調フィルタリングは、ユーザーの行動履歴をもとに、ほかのユーザーとの類似度を計算して、類似度の近いユーザーが購入した商品をレコメンドします。行動の傾向が似ていれば、嗜好品も似ているだろうという判断に基づいています。

	商品1	商品2	商品3	商品4
Aさん	購入	購入	未購入	購入
Bさん	購入	購入	未購入	

BさんとAさんは購入の傾向が似ているため、商品4も購入してくれそうなので「商品4をレコメンドしてみよう！」

コンテンツベース（内容ベース）フィルタリング

レコメンド対象となるアイテムの特徴量をベクトル化して、似たようなベクトル値をもつ別のアイテムをレコメンドします。アイテムの特徴が似ていれば、ほかのアイテムも興味をもつだろうという判断に基づいています。

	サスペンス	ファンタジー	恋愛
Aさんの好み	3	7	0
コンテンツA	0	0	10
コンテンツB	1	8	1

Aさんの好みに近いのはコンテンツBなので「コンテンツBをレコメンドしてみよう！」

▶▶ 章末問題

問題1 **機械学習の代表的な手法に関する説明として、適切なものを選べ。正解は1つとは限らない。**

1. ランダムフォレストに比べて、ブースティングは結果が得られるまでの時間が非常にかかる。
2. ロジスティック回帰はニューラルネットワークの一種である。
3. ディープラーニング以前は、サポートベクターマシンが最も予測精度が高くなる手法であった。
4. 線形回帰は、分類にも回帰にも両方で使用できる万能な手法である。

問題2 **機械学習の代表的な手法に関する説明として、間違っているものを選べ。正解は1つとは限らない。**

1. 決定木は、不純度が大きくなるような条件分岐を求めてデータを振り分ける。
2. ロジスティック回帰では、3値の分類はできない。
3. サポートベクターマシンは、非線形での分離も行うことができる。
4. 線形回帰は、単回帰と重回帰に分けることができる。

問題3 **空欄に当てはまる語句の組み合わせとして、最も適しているもの1つを選べ。**
教師あり学習において、入力データの項目を（A）と呼ぶ。また、その正解データを（B）と呼ぶ。

1.（A）目的変数 （B）正解ラベル　2.（A）特徴量 （B）正解ラベル
3.（A）特徴量 （B）説明変数　4.（A）説明変数 （B）教師データ

問題4 **空欄に当てはまる語句の組み合わせとして、最も適しているもの1つを選べ。**
教師あり学習は予測したい出力データの種類によって、大きく2種類に分けることができる。（A）は出力がカテゴリカルなデータであり、（B）は出力が連続値である。

1.（A）限定 （B）一般　2.（A）部分 （B）完全
3.（A）分類 （B）回帰　4.（A）線形 （B）非線形

問題5 **以下の文章を読み、空欄に最もよくあてはまる選択肢を1つ選べ。**

サンプル同士の類似度をもとに、複数のグループに分ける手法を（ア）と呼ぶ。

マーケティングにおける顧客のセグメンテーションなど、ビジネスの領域で広く利用されている。また、（ア）の代表的な手法として（イ）がある。

（ア）の選択肢

1．決定木
2．主成分分析
3．クラスタリング
4．交差検証

（イ）の選択肢

1．k-nn法
2．k-svm法
3．k-means法
4．k-fold法

問題6 **以下の文章をよく読み、空欄に当てはまる選択肢を選べ。**

（ア）と（イ）はともに教師なし学習に分類される手法であり、入力データの構造や特徴をつかむために（ア）では、クラスタごとに重心を求めて中心とし、各データを最も近い中心に紐づける作業を繰り返しあらかじめ決められた数のクラスタにデータを分類する。（イ）では、相関のある複数の変数を、より少ない相関のない変数に変換することでデータの次元を削減する。

（ア）と（イ）の選択肢

1．線形回帰
2．ブースティング
3．k-means法
4．主成分分析（PCA）

問題7 **以下の文章を読み、空欄にあてはまる選択肢を選べ。**

SVMは、これまでよく使われてきたモデルであり、（ア）というコンセプトに基づいて設計されている。SVMは分類問題を解くための工夫が施されており、たとえば、スラック変数は（イ）のための工夫であり、カーネル法は（ウ）のための工夫である。

（ア）の選択肢

1．情報利得の最大化
2．マージン最大化
3．二乗誤差の最大化
4．尤度関数の最大化

（イ）の選択肢

1．外れ値であるサンプルを削除する
2．1部サンプルの誤分類に寛容になる
3．数値を正規化する
4．欠損値があっても学習できる

（ウ）の選択肢

1．線形分離できるような高次元に埋め込む
2．数値を正則化する
3．アンサンブル学習に対応させる
4．画像をグレースケールにする

問題8 **ロジスティク回帰に関する文章を読み、空欄にあてはまる選択肢を1つ選べ。**

ロジスティック回帰は（ア）問題を解くための手法であり、目的関数として（イ）が用いられることが多い。実用例として機器の異常検知などで、現在の機器の状況を入力として、機器が故障している確率を返すことができる。これは、ロジスティック回帰に（ウ）という特徴があること利用している。

（ア）の選択肢

1. 回帰
2. 探索
3. 分類
4. 推論

（イ）の選択肢

1. 2乗誤差関数
2. ステップ関数
3. 活性関数
4. 尤度関数

（ウ）の選択肢

1. 出力を正規化している
2. 出力を線形変換する
3. ネットワークの層を深くする
4. 決定係数を出力する

解答と解説

問題1　**正答 1、2**

1．ランダムフォレストは、決定木をもちいたバギングの手法であるのに対して、勾配ブースティングはブースティングの手法である。ランダムフォレストは同時に複数個のモデルの学習を進めることができるが、勾配ブースティングは逐次的にモデルの学習を進める必要があるので時間がかかる。
2．名称だけ見ると関係なさそうだが、原理としてロジスティック回帰はニューラルネットワークの特殊版と捉えることができる。
3．サポートベクターマシンは、人気の手法の1つではあったが、最も高精度とは限らない。
4．線形回帰は、回帰問題に対して利用できる教師あり学習手法である。

問題2　**正答 1、2**

1．決定木は、不純度が小さくなるような条件分岐を求める。
2．ロジスティック回帰ではソフトマックス関数を利用することにより、3値の分類以上の分類を行うことができる。
3．サポートベクターマシンは、カーネル法を利用することにより非線形な問題でも分類することができる。
4．線形回帰は、単回帰と重回帰に分けることができる。特徴量が1つの回帰を単回帰、特徴量が2つ以上の回帰を重回帰と呼ぶ。

問題3　**正答 2**

入力データの項目を特徴量や説明変数、正解データのことを目的変数や正解ラベルと呼ぶ。また、入力データと正解データのペアデータを教師データと呼ぶ。

問題4　**正答 3**

離散値を予測する問題のことを分類問題といい、連続値を予測する問題のことを回帰問題という。

問題5　**正答　(ア)3、(イ)3**

決定木は教師ありの手法である。主成分分析は教師なし学習であるが、次元削減を目的として行う。交差検証は、教師あり学習の予測モデルの予測性能の検証法である。

クラスタ分析の中で、最も有名な手法にk-means法がある。k-means法は、反復的にクラスタの重心を計算して、最も重心の近いクラスタにデータを振り分けるアルゴリズムである。

問題6　**正答　(ア)3、(イ)4**

k-means法はデータをクラスタリングするためのアルゴリズムで、主成分分析は、データの縮約を行い、次元削減をすることを目的としている。

(ア)の解説

選択肢1は、教師あり学習の手法である。

選択肢2は、次元削減の手法である。

選択肢4は、教師あり学習での性能検証の手法である。

(イ)の解説

選択肢1は、教師あり学習のk-近傍法である。

選択肢2のsvmとは、教師あり学習の手法である。

選択肢3は、性能検証の手法である。

問題7　**正答　(ア)2、(イ)2、(ウ)1**

(ア)の解説

選択肢1は、決定木の手法である。

選択肢3は、線形回帰などの手法である。

選択肢4は、ロジスティックス回帰などの手法である。

(イ)と(ウ)の解説

一般的には低次元では、分類できないデータでも、高次元で考えることによって上手く分類できることが多い。そこで、SVMではよく「カーネル法」という手法を利用して、データを高次元に埋め込んで分類を行う。また、SVMはスラック変数によって、一部のサンプルの誤分類に対して寛容となるような工夫が施されている。

問題8　**正答　(ア)3、(イ)4、(ウ)1**

(ア)の解説

教師あり学習は、回帰と分類の2種類に分けることができる。名称に「回帰」とついているがロジスティック回帰は分類の手法である。

(イ)の解説

選択肢1は、線形回帰などで利用される関数である。

選択肢2は、単純パーセプトロンで利用される関数である。

選択肢3は、ニューラルネットワークで利用される関数である。

(ウ)の解説

ロジスティック回帰は出力が0～1になるように正規化されて出力される。よってその出力結果を事象の確率として解釈することができ、分類問題として考えることができる。

ディープラーニングの基礎

4-1 ニューラルネットワークの基礎

▶▶ 確認問題

次の各文章を読んで、正しければ○、間違っていれば×をつけてください。

1. ニューラルネットワークは出力層と入力層の2層から構成されている
2. ニューラルネットワークは、人間の脳を模したアルゴリズムである
3. ニューラルネットワークは教師あり学習のみに利用できる手法である

1.×　2.○　3.×

ここは 必ずマスター!

ニューラルネットワークとは

ニューラルネットワークは人間の脳を模したアルゴリズムで、順伝播型ネットワークである。

ニューラルネットワークの構成①

ニューラルネットワークは、入力データを受け取る入力層、特殊な計算を行う隠れ層、予測結果を出力する出力層の3層から構成されている。

ニューラルネットワークの構成②

各層は、ニューロンと呼ばれる要素から構成されている。入力層と出力層のニューロンの数は、利用するデータによって自動的に決まるが、隠れ層のニューロン数は分析者が自由に設定する事ができる。

4-1-1 ニューラルネットワークの概要

現在利用されている多くのAIでは、ディープラーニングと呼ばれる手法が採用されています。ディープラーニングは、ニューラルネットワークと呼ばれる手法を基本とした考えであるため、本節ではその基本となるニューラルネットワークに関して紹介します。

ニューラルネットワークは機械学習の手法の1つであり、**人間の脳を模したアルゴリズム**の1つであり順伝播型ネットワークと呼ばれています。3章で紹介した入力のデータを基に

結果を予測して出力する教師あり学習にも利用することができます。また、ニューラルネットワークは、回帰の問題でも分類の問題でもどちらにでも利用することが可能です。

一般的には教師あり学習に利用されるアルゴリズムですが、入力のデータそのものの法則性について考える教師なし学習などにも利用することが可能です。

4-1-2 ニューラルネットワークの構成要素（階層）

ニューラルネットワークは、入力データを受け取る**入力層**、特殊な計算を行う**隠れ層**、予測結果を出力する**出力層**の3層から構成されています。

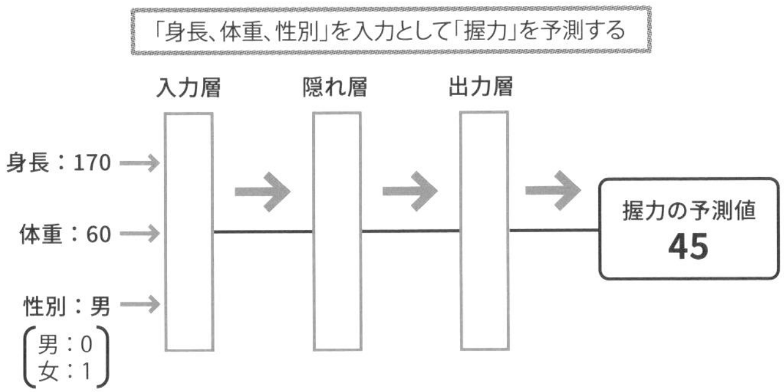

「身長、体重、性別」を入力として「握力」を予測する

入力層 隠れ層 出力層

身長：170
体重：60
性別：男
（男：0 女：1）

握力の予測値
45

ニューラルネットワークの予測モデルは、隠れ層で特殊な計算を行うことで、複雑で規則性が見えづらいデータでも予測をさせることができます。この隠れ層を取り除いた、入力層と出力層だけのモデルを単純パーセプトロンと呼ぶこともあります。

4-1-3 ニューラルネットワークの構成要素（ニューロン）

各層はニューロンと呼ばれる要素から構成されています。ニューロンはデータが入力層から出力層まで伝播する過程で、データを一時保存しておくデータの中継地点です。隣り合う層のニューロンはそれぞれ連結されており、そのニューロンにおける計算結果を次の層のニューロンに伝達します。前項では、簡潔に表現するために、隣り合う層は、1本の線分で連結されていますが、実際には図のように、対応する各ニューロンに複数本の線分で連結しています。

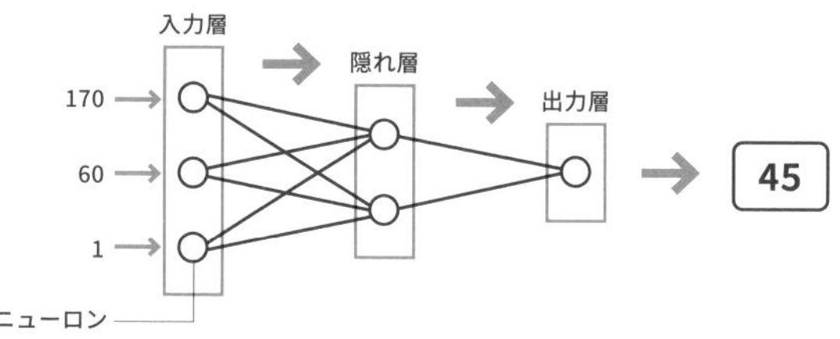

このように、ニューラルネットワークモデルは複数の層から構成されており、各層はさらにニューロンから構成されております。

4-1-4 ディープラーニングとニューラルネットワーク

ニューラルネットワークの隠れ層は設計者が自由に構成することができます。また、複数の隠れ層を構成することで、より複雑なデータでも適切に予測することができるようになります。

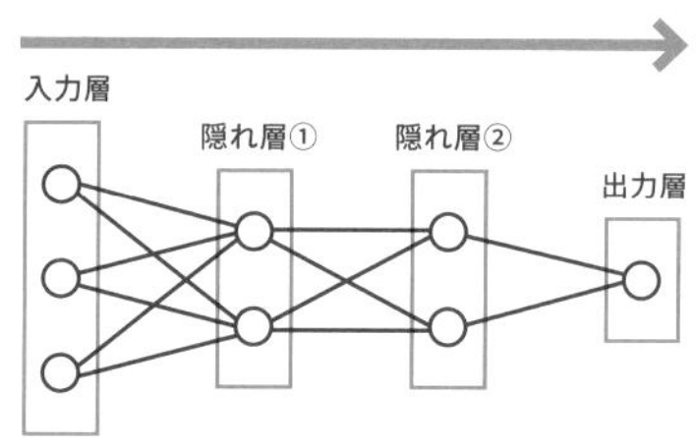

図の中で丸い印をニューロンやノードと呼び、縦列に並んでいるニューロンを階層と呼びます。階層は設計者によって定義され、一般に複数の階層が構成されます。

「沢山の階層をもつニューラルネットワーク」をディープニューラルネットワークと呼び、ディープニューラルネットワークを使ったディープラーニング（深層学習または深層機械学習）と呼びます。

ニューラルネットワークはディープラーニングモデルの最も基本的な形であり、入力データが画像データの場合は、基本形を更に改良したCNNモデルや、株価などの時系列データの場合はRNNモデルなどを利用します。

上で述べたように「ディープラーニング」には広義的な意味合いがあるので、基本的なニューラルネットワークの隠れ層を2層以上に設定したモデルをディープニューラルネットワークや多層パーセプトロンと呼ぶこともあります。

4-2 順伝播

前節で、ニューラルネットワークのモデルの全体像を紹介しました。本節では、モデルの中でどういった計算が行われ、次の層にデータの伝達が行われているのか紹介していきます。

▶▶ 確認問題

次の各文章を読んで、正しければ○、間違っていれば×をつけてください。

1. 隣合う層同士を連結している各線分に、重みが割り振られている
2. 隠れ層の計算結果を活性関数で変換して次の計算に利用する
3. シグモイド関数を微分すると最大値は0.5となる

1.○　2.○　3.×

ここは 必ずマスター！

層から層への計算

層から層に繋がれている線分には、重みが設定されており、{(重み) × (値)} の合計 + 定数という計算で次の層への値を計算する。

隠れ層と活性化関数

隠れ層では計算結果をそのまま次の層に利用することはせずに、活性関数を利用して変換を行う。

活性化関数の種類

活性化関数の種類はシグモイド関数、tanh関数、Relu関数などがある。

4-2-1 入力層⇒隠れ層の計算

前節で、身長・体重・性別の3つの項目を基に、握力を予測するモデル例を考えました。3つの項目は、確かに予測したい「握力」には関係ありそうですが、3つの項目がそれぞれ、「握力」に与える影響の度合いが同程度とは限りません。

そのため、ニューラルネットワークでは、隣合う層同士を連結している各線分に、**重み**を割り振っています。

入力層〜隠れ層の計算過程は、とてもシンプルで入力層のニューロンの値と対応する線分に割り振られた重みを掛け算し、それらを最後に足し合わせて隠れ層のニューロンの値を計算します。

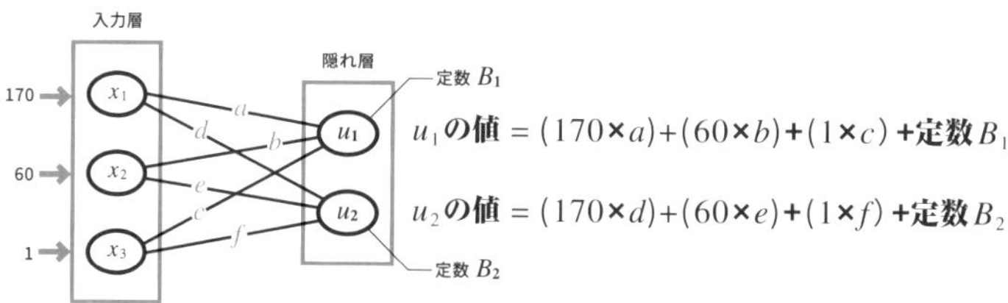

なお、入力データと重みだけで完結するのでなく、どんな入力データの場合でも一律に、ある定数（バイアスとも呼ぶ）が付加されるので注意してください。

隠れ層〜出力層の計算に関しても、層の連結の線分にそれぞれ重みが割り振られているので、同様に「隠れ層の値と重みをさきに掛け算して、最後にすべて足し合わせる」という手順で計算することができます。

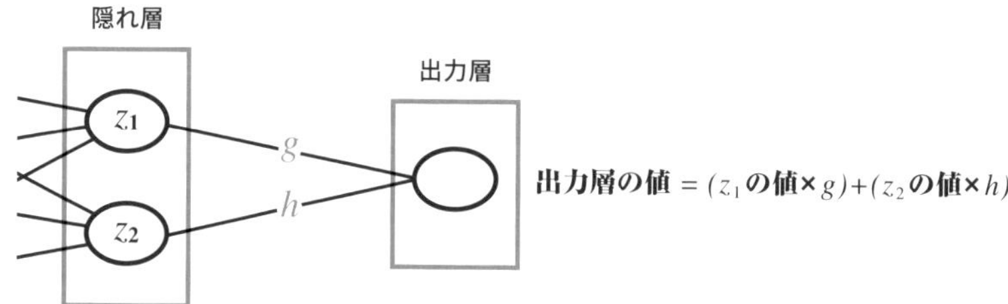

さて、勘の良い読者の皆様は、少し上図に「誤植かな？」と違和感をもったかもしれません。

前々図の場合、隠れ層の値を表す文字としてu1,u2と表記していましたが、前図では、z_1,z_2と表記しています。しかしこれは誤植ではありません。ニューラルネットワークでは前の層の計算結果をそのまま利用することはせずに特殊な変換をして、その変換結果を次の層の計算に利用します。つまり、上図の例の場合、u_1をz_1に、u_2をz_2に変換しておりその変換結果を次の隠れ層⇒出力層の計算に利用しているのです。

4-2-2 隠れ層内の計算（活性化関数）

前項の最後で、隠れ層のニューロンの内部で特殊な変換が行われ、その変換結果を次の層への計算に利用していると紹介しました。その図が下図です。

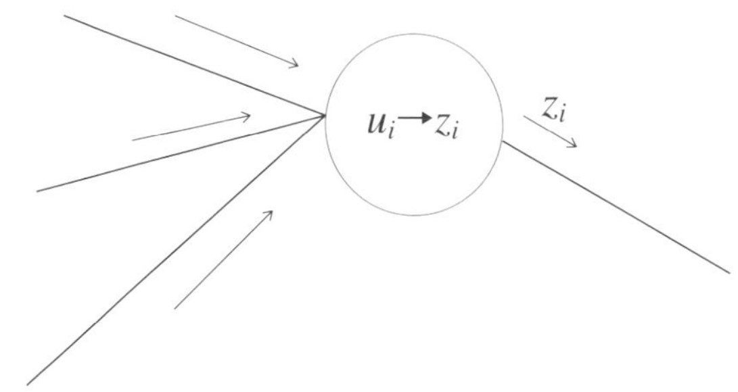

では、どのような特殊変換が行われているのでしょうか？

代表的な変換に「シグモイド関数」、「tanh関数」、「Relu関数」の3種類があります。

シグモイド関数

シグモイド関数は次のような関数です。

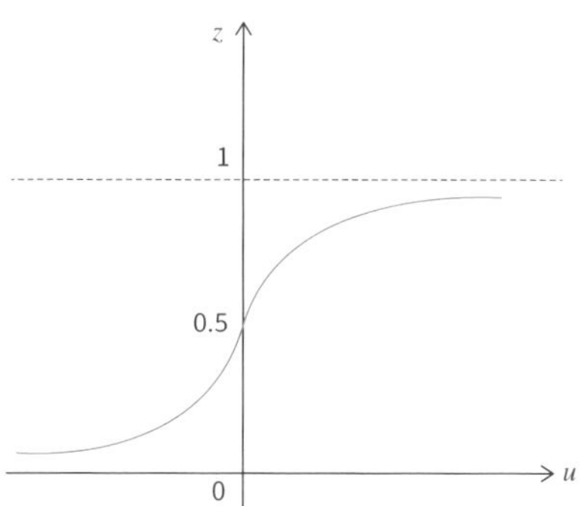

uの値を0~1の範囲に圧縮しているイメージです。シグモイド関数は古くから利用されている方法ですが、十分な時間をかけてもモデルの学習が進みづらい勾配消失問題という問題が起きやすい方法としても知られています。これは、シグモイド関数を微分したときの最大値が0.25であり、必ず1未満になることが原因です。

tanh関数はこの勾配消失問題が起きづらい変換です。

tanh関数

tanh関数は次のような概形です。

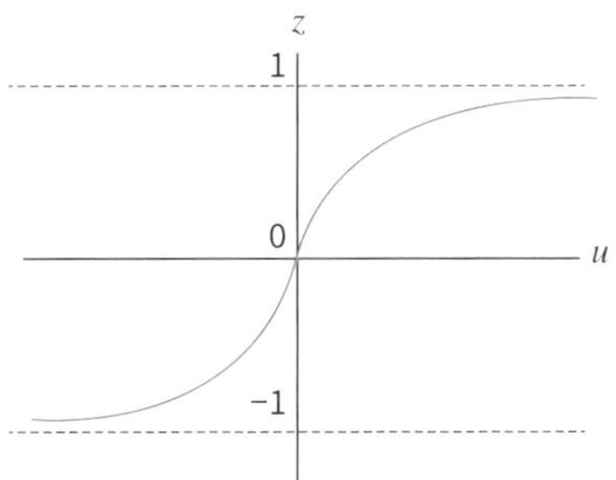

tanh 関数はu の値を−1〜+1に圧縮しているイメージです。前述したように、シグモイド関数と比べて、勾配消失問題が起こりにくいので学習が進みやすく精度が高いモデルがつくりやすくなります。

これは、シグモイド関数の場合、微分した値の最大値が0 . 25 であるのに対して、tanh関数の場合には微分したときの値の最大値が1であることが理由です。

なお、tanh関数はシグモイド関数と比べて勾配消失問題が起こりくいのですが、勾配消失問題が全く発生しないというわけではありません。

そこで、現在では次のRelu関数という変換が最も主流な変換となっています。

Relu関数

Relu関数は次のような変換です。

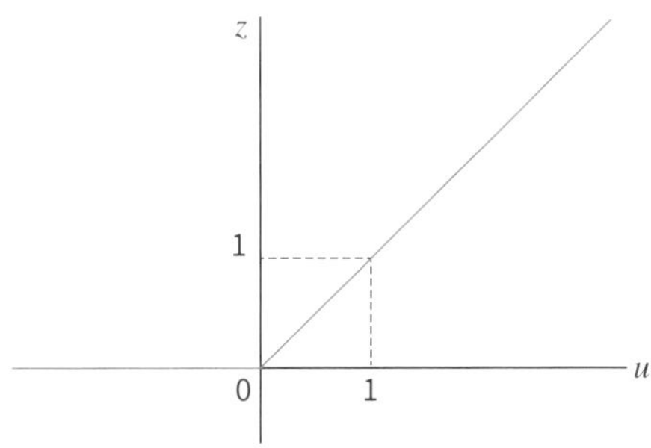

uの値が0以上ならば、何も変換せずその値を利用して、uが0未満の場合は、0に変換します。Relu関数は勾配消失問題が起きづらい変換であり、現在最も主流な変換です。

また、Relu関数をベースにしたLeakyRelu関数や、ParametricRelu関数などがありますが、どれが最も良い精度になりやすいかは一概に述べることはできません。ちなみに、Relu関数は、$u=0$の地点で微分不可能な関数となります。

4-2-3 順伝播

4-2節にかけて、入力層から出力層までの計算の流れを紹介していきました。重みを掛け算して最後にすべて足し合わせる処理と活性関数を組み合わせて次の層にデータを渡します。

ディープニューラルネットワークモデルは、隠れ層が複数層あるので、入力層にデータがやってくると、「重みを掛け算して足し合わせた後に活性化関数で変換」という処理を、出力層に到達するまでどんどん繰り返していきます。層数やニューロン数は分析者が独自に設定できるので、選び方によってはより複雑な関数も近似できるというメリットもあります。

この、入力層から出力層までの計算の流れを**順伝播**と呼びます。また、ニューラルネットワークを順伝播型ネットワークとも呼んだりします。

4-3 逆伝播

▶▶確認問題

次の各文章を読んで、正しければ○、間違っていれば×をつけてください。

1．逆伝播によって、予測値が計算される

2．勾配降下法を行うと少ない計算で、必ず最小値を見つけることができる

3．訓練データからいくつかランダムにデータを抜き出し1回の学習を行う方法をバッチ学習と呼ぶ

1.×　2.×　3.×

ここは 必ずマスター！

ニューラルネットワークの学習

ニューラルネットワークでは、予測値と正解ラベルを元に誤差関数を計算し、誤差関数が最小になるように重みを更新する。

重みの更新法

勾配降下法を利用することにより、1回の学習での重み更新を行う。勾配降下法では、初期値問題や、局所的な最小値に陥る可能性がある。

ミニバッチ学習

全訓練データから部分的に抜き出して、その訓練データだけを使って1回の学習を行う方法をミニバッチ学習と呼ぶ。

4-3-1 ニューラルネットワークにおける学習とは

教師あり学習とは、入力のデータと答えとなるデータのペア（教師データ）を基に、入力データから答えのデータを予測するための法則性を見つける手法と説明しました。一般的に、教師データからその法則性を見つける過程を学習と呼びますが、ニューラルネットワークにおける学習とは具体的に何を指しているのでしょうか？

入力データをモデル内で順伝播させることによって、予測値を得ることができますが、モ

デルの中身によって当然予測値は変わります。ニューラルネットワークを構成する要素は、隠れ層の数、各隠れ層のニューロン数、各隠れ層で利用する活性化関数、ニューロン同士を結ぶ線分上に割り当てられる重みの値など、さまざまな項目がありますが、層数と各層のニューロン数、活性化関数はモデルにデータを与える前に、分析者が事前に決める必要があります。学習をする前に分析者が決定しなければならない項目のことを**ハイパーパラメータ**と呼びます。

これらの項目を事前に設定することでモデルの形を決定し、モデルに教師データを与えてあげます。ニューラルネットワークにおける学習とは、モデルに教師データを与えることで、順伝播の結果が良い精度になるような最適な重みはいくつかを求める一連の過程です。

4-3-2 学習の流れ

ニューラルネットワークにおける学習とは、最適な重みを決める一連の過程と紹介しました。詳細な数学的理論は割愛しますが、この項では学習の流れの概要を紹介したいと思います。

学習は次の手順に沿って進みます。

1. モデル内の重みをランダムに設定する。(初期化)
2. 入力データをモデル内で順伝播させて、予測値を得る。
3. 予測結果と答えのデータを比較して、誤差関数を計算する。
4. 誤差関数の値が小さくなるように、重みの値を更新する。(単位イテレーション)
5. 2～4の手順を繰り返す。

以下、それぞれの手順について説明します。イメージしやすいように簡単なモデルを例に説明します。入力層、隠れ層、出力層内のニューロンがそれぞれが1個で構成される回帰のニューラルネットワークモデルがあったとします。(活性化関数はRelu関数を使用)

(例) 身長から、握力を予測するニューラルネットワークモデル

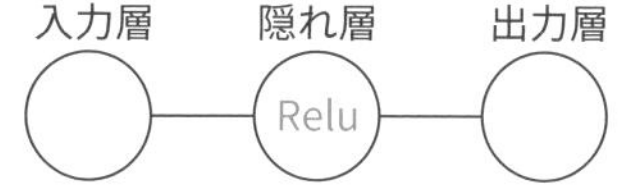

手順1　モデル内の重みをランダムに設定する

最終的な目的は、最適な重みの値を決定することですが、未定のままではどうしようもないので、一番最初は、重みにランダムな値を設定します。

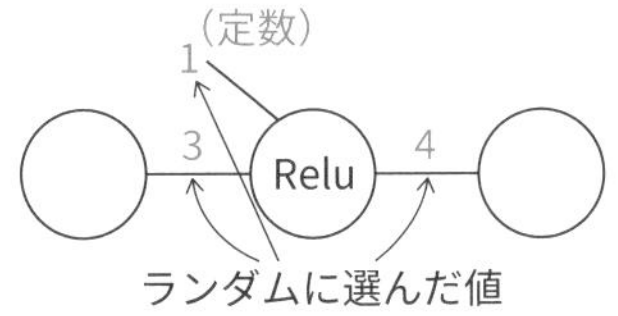

手順2　入力データをモデル内で順伝播させ、予測結果を得る

仮に一人目のデータが身長が180cm、握力が70kgとしましょう。

入力データである180を利用して、順伝播させます。

入力層⇒隠れ層　　　$u=3\times180+1=541$

Relu関数　　　　$u>0$より　$z=541$

隠れ層⇒出力層　　　$4\times541=2164$

よって、現状のモデルでの予測結果は握力が2164kgと算出されました。

手順3　予測結果と答えのデータを比較して、誤差関数を計算

手順2で、身長180のデータの場合、予測握力が2164kgと計算されましたが、実際の値は70kgです。教師あり学習の場合、入力データだけでなく必ず答えとなるデータも存在するので予測の結果と実際の値の誤差を調べることができます。

ニューラルネットワークモデルでは、誤差関数という誤差を調べる関数が決められていて、この誤差関数を利用して、予測と実際の乖離具合を調べることができます。

実際の値と予測のズレを見たいので、単純に引き算します。

$$70-2164=-2094$$

このとき、プラスの誤差とマイナスの誤差の2通りが生じるので、引き算の結果を2乗します。

$$(-2094)\times(-2094)=4384836$$

これで、符号がプラスとなったので、単純に「誤差関数の値が小さい⇒予測と実際のズレが小さい」と解釈できます。ちなみに、今回は1件だけで誤差関数を計算しましたが、実際には教師データは複数件あります。その際は、すべての誤差の2乗を計算した後に、それらの平均値を計算します。

また、誤差関数は回帰のモデルか分類のモデルかで利用する計算式が異なります。今回の例では回帰問題なので、**平均二乗誤差**という関数を利用しています。分類のときは「**クロスエントロピー**」という関数を利用します。

手順4　誤差関数が小さくなるように重みを更新

手順3で誤差関数を導入したので、そのモデルの予測値と実測値の乖離具合を数値化できました。もちろん誤差関数の値が0になればよいのですが、現実世界のデータは非常に複雑なので誤差関数の値が0になることは、現実的な問題として、まずありえません。そこで、**誤差関数が最小の値になるような重みを探します**。

このときに、数学の方程式の解の公式のようなものがあり、一回の計算で誤差関数の最小値とそのときの重みの値が分かれば良いのですが、そのような公式はありません。

ではどうするのかというと、**誤差関数の値が小さくなるように、少しずつ重みの値を微修正**します。パラメータが更新された回数のことを**イテレーション**と呼んだりもします。

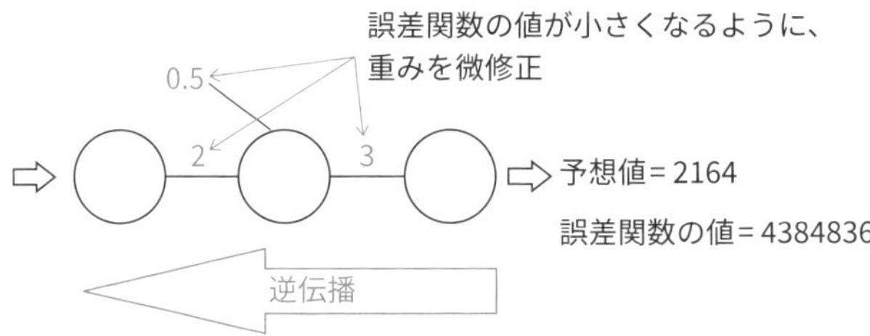

この重みの更新は誤差関数の値を基に、最初に隠れ層〜出力層の間の重みが更新され、そのあとに入力層〜隠れ層の重みが更新されます。

更新の計算の流れが順伝播と逆方向に進むので、**逆伝播**と呼ばれます。

このとき、新しい重みを計算するために**勾配降下法**と**誤差逆伝播法**という数学的な手法が使われます（後述）。

手順5　手順2~4を繰り返す

誤差関数が小さくなるように重みを更新したので、予測と実際のズレは小さくなったはずですが、重みは微修正しかされていないので、誤差関数の値は最小とは限りません。そのため、手順2～4をひたすら繰り返します。

学習のために準備した教師データをすべて利用して、重みを更新したらそれを1**エポック**という単位で呼び、2エポック目以降は同じデータでまた学習させます（利用しているデータは同じですが、重みの値が前回エポックとは異なるので予測結果は違います）。

ニューラルネットワークでは大量データを何十～何百エポックも学習させるので、非常に時間がかかることもあります。

4-3-3 重みの更新法

前項で、誤差関数を最小にするために、重みを少しずつ更新するということを紹介しました。このとき一番の問題となるのが、誤差関数の形がよくわからないという点です。

前項で、予測値と実際の測定値を基に最小二乗誤差を計算しました。予測値と測定値の関数とみなすと誤差関数は簡潔なのですが、今は誤差関数が最小になる重みの値を逆算したいので、誤差関数は重みの関数と考えます。モデルの隠れ層の数や各層のニューロン数は分析者の事前設定によって異なり、更に活性化関数の影響も受けています。

そのため、誤差関数を重みの関数と考えると非常に複雑になり、関数の形はブラックボックスになってしまうのです。

重みの値を設定すると、誤差関数の値は
簡単に計算できるが、中身は不明
重み10
?
誤差関数の値は121

勾配降下法の概要

中身が不明瞭なのにどうやって最小値の地点を見つければ良いのでしょうか？

勾配降下法と呼ばれる数学的な技術を用いてその問題を解決します。簡潔に説明するために、重みが1個だけのモデルがあったとしましょう。実際には分かりませんが、このときの誤差関数の形状が図のような形状だったとします。

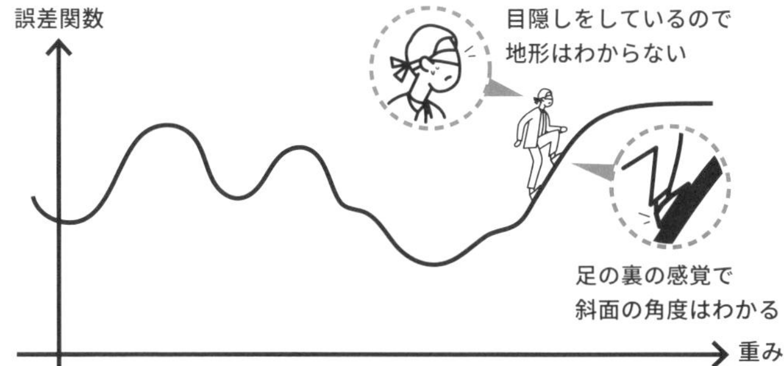

誤差関数は、非常に複雑に曲がりくねった形をしていますが、とある地点に人が立っています。この人はなんと目隠しをしたままヘリコプターでどこだかよくわからない場所にいつの間にか連れてこられて、目隠しをしたまま地形が一番低い地点に行かなければなりません。

現状の問題とすごく似ていますね。重みは、最初はランダムに設定されて、その状態から少しずつ更新して最小値の地点を目指す必要があります。ポイントは、この人は目隠しをしているので地形の全体像は把握できませんが、**足の感覚を頼りに現在地の斜面の角度はわかることです。**

上図では、人は右を向いているので、足の感覚から「**このまま一歩進めば、自分は斜面を登ってしまう**」ということがわかります。したがって、斜面を下って最小値を目指すためには、反対方向に1進めばよいのです。

このように、現在地点の傾きを調べて、その傾きを基に最小値に行くように重みwをどんどん更新していく方法を勾配降下法と呼びます。数式として書くと次のように表すことができます。

(新しい重み) = (前の重み) − α (現地点の傾き)

αは学習率と呼ばれる項目で、ハイパーパラメータの1つです。

αを大きくすると、傾きの影響を強く受けます。上記の例でいうと、更新して1歩進む際に大股で進むので、最小の地点を通過してしまい、最小付近を延々と行ったり来たりしてしまう可能性があります。反対にαの値を小さくしすぎると、更新の値がとても小さい値になってしまうので学習に時間がかかってしまいます。

また、勾配降下法ですが、1イテレーションで訓練データをすべて利用することはせずに、訓練データの中からランダムにサンプリングした一部のデータを利用することもできます。この方法を確率的勾配降下法と呼びます。

ほかにも、勾配降下法を改良した手法に、前回の重み更新量も今回の重み更新に利用するモメンタム法や、モメンタム法を更に改良し効率的に学習を進めるNAG法などがあります。

以上のように、現地点の傾きを調べることによって、重みwを更新することができます。ではどのように現実の数式上で傾きを調べれば良いでしょうか。そのときに利用するのが、誤差逆伝播法という数学的な技術です。

誤差逆伝播法を利用することにより、非常に効率よく傾きを調べることができるのですが、この際に隠れ層で利用している活性化関数が**シグモイド関数**や**tanh関数**だと、**傾きの計算結果がほぼ0になりやすい**という特徴があります。この特徴は隠れ層が複数層あるとより顕著です。

傾きが0ということは、上の更新式と照らし合わせると、重みの値が全く更新されず、学習時間だけが過ぎて、モデルの性能は全く向上しません。この問題のことを勾配消失問題と呼びます。

勾配降下法の注意点

～重みの初期値～

一見、勾配降下法を利用したら確実に最小値を見つけることができそうです。しかし、「最初の重みはランダムに決める」というところに実は危険をはらんでいるのです。

・局所最適解に陥る

誤差関数は非常に複雑ですので、谷状になっている箇所が複数個存在している可能性が大いにあります。そのとき、本当の最小値ではなく、局所的な最小値になっているかもしれません。（結局関数の概形は分からないので、本当に最小値かもしれませんが…）

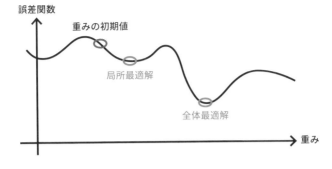

誤差関数
重みの初期値
局所最適解
全体最適解
重み

・**鞍点**

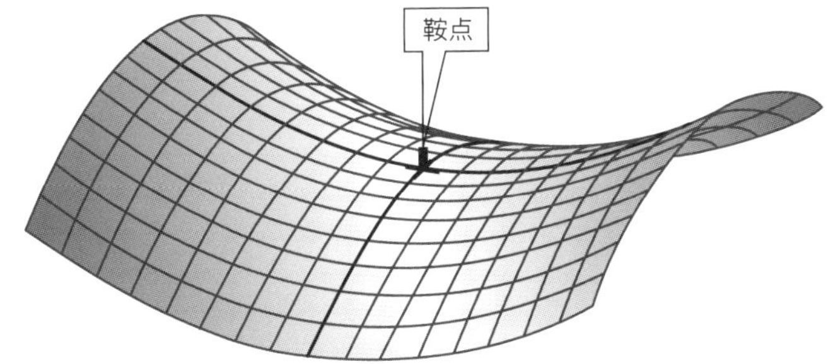

上図は、馬の背中に乗せる鞍に似ているので鞍点と呼ばれています。鞍点では、傾きが0となりますが、図をみて明らかなように鞍点は最小値ではありません。

以上のように一見、勾配降下法によって誤差関数の最小値とそのときの重みがわかったように見えて、実は真の最小値ではないという可能性があります。そのため、何回か別の初期値を試して複数個の学習済モデルをつくり、その中で最も精度が良いモデルを採用したりもします。ほかにも、ランダムな初期値に対して何かしらの補正をすることによって、正規化や標準化の効果を失いにくくすることもできます（正規化・標準化に関しては後述）。

～訓練誤差～

勾配降下法では、訓練データでの誤差を最小化するように重み更新が行われます。訓練データでの誤差を訓練誤差と呼びます。しかし、訓練誤差では将来的に得られるデータでの誤差を評価することはできません。

未知の母集団に対する誤差の期待値を汎化誤差と呼び、汎化誤差を最小化にするようなパラメータを得ることが理想です。

4-3-4 ミニバッチ

ニューラルネットワークは、訓練データでモデルに予測させ、モデルの予測結果と訓練データの正解ラベルを比較し、予測と答えの誤差が小さくなるようにモデル内のパラメータを更新します。

1回のパラメータ更新をするために、訓練データを何件分利用するかによって、学習の名称が変わります。

逐次学習

訓練データ1件ごとに学習（パラメータの更新）を行う方法を逐次学習といいます。今仮に、訓練データが100件あるとしたら、全訓練データを網羅するまでに学習は100回行われます。全データを網羅できたら、1エポックと言う単位で呼ばれます。2エポック目以降はまた同じ訓練データで予測とパラメータ更新を繰り返していきます。

バッチ学習

訓練データ全部を利用して、1回のパラメータ更新を行うことをバッチ学習と呼びます。100件訓練データがあるとしたら、1エポック内に行われる学習は1回です。

バッチ学習は、逐次学習に比べて、1エポックの計算速度が速い反面、逐次学習の方が1エポック内の学習回数が多いため、訓練データでの予測性能が良くなりやすいです。

ミニバッチ学習

全訓練データから部分的に抜き出して、その訓練データだけを使って1回の学習を行う方法をミニバッチ学習と呼びます。例として、訓練データを100件、ミニバッチのサイズを20とします。

まず、100中から20件を非復元抽出でランダムに選び、モデルで予測させます。そして、20件分の予測結果と正解データの誤差を基に1回重みを変更します。そのあとは、次の20件に対してまた、モデルによる予測と、予測結果と正解データの誤差に基づいた学習を行っていきます。

よって、訓練データが全部で100件、バッチサイズが20のとき、1エポック内で行われる学習の回数は5回となります。

ミニバッチによる学習は、逐次学習の「1エポック内の学習回数が多い」というメリットと、バッチ学習の「1エポックの計算速度が速い」というメリットの良い所取りをしようという方法であり、現在の主流となっております。

4-4 ニューラルネットワーク技術の変遷

▶▶ 確認問題

次の各文章を読んで、正しければ○、間違っていれば×をつけてください。

1. 単純パーセプトロンはシグモイド関数によって、2値分類できる
2. ロジスティック回帰は、ステップ関数を利用する
3. ニューラルネットワークとディープラーニングは全く別の理論である

1.×　2.×　3.×

必ずマスター!

技術の変遷

ニューラルネットワークは、隠れ層を導入したロジスティック回帰と考える事ができ、ロジスティック回帰は、ステップ関数ではなく、シグモイド関数を利用した単純パーセプトロンと考える事ができる。

4-4-1 単純パーセプトロン

入力層と出力層のみのモデルを単純パーセプトロンと呼びます。

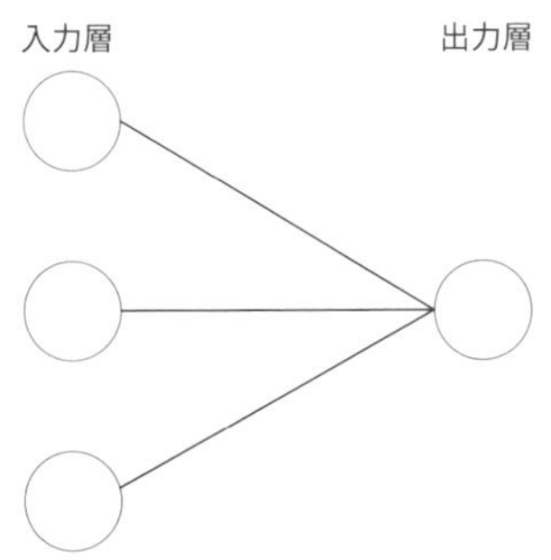

単純パーセプトロンは、出力層の結果に対して活性関数を用いて0と1の2値に変換することにより、2分類の分類モデルとして機能します。このとき利用する活性化関数はステップ関数と呼ばれ、出力結果が0未満ならば0、0以上ならば1と変換します。

$$
\text{予測結果} = \begin{cases} 0 \ (\text{出力結果が0未満}) \\ 1 \ (\text{出力結果が0以上}) \end{cases}
$$

4-4-2 単純パーセプトロンとロジスティック回帰

前項では、出力結果を2値に分類するためにステップ関数を利用しましたが、この関数は0のところで不連続であり、しかも2値しかとりません。そのため数学的にとても扱いづらいというデメリットがあります。

そこで、出力層の活性関数として、0付近を滑らかにしたシグモイド関数を使うと、上記の問題を解決することができます。

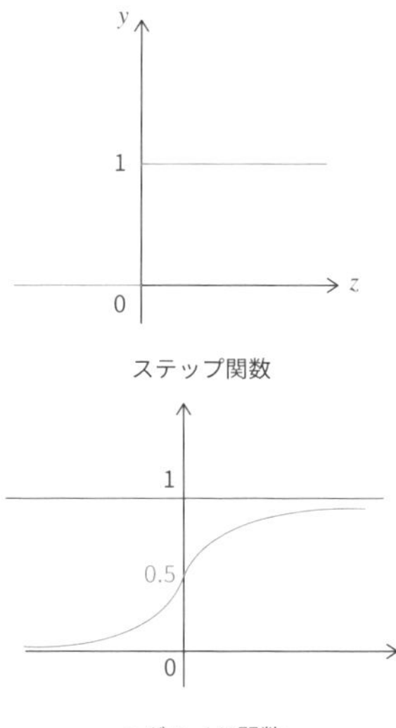

ステップ関数

シグモイド関数

活性化関数をシグモイド関数とした場合、0~1の連続した値を得ることができます。この予測結果を正解ラベルの確率として捉えて分類することができます。第3章で紹介したロジスティック回帰は、実は単純パーセプトロンの活性化関数をシグモイド関数としたものです。また、ロジスティック回帰で3値以上の分類をする場合は、活性化関数をソフトマックス関数に変更します。

4-4-3 多層パーセプトロン

ロジスティック回帰は、入力と出力の単純パーセプトロンでした。このモデルに隠れ層を追加して3層の構成にしたモデルが、本章で紹介してきたニューラルネットワークです。そして、隠れ層を2層以上にして全体で4層以上になるパーセプトロンを多層パーセプトロン（またはディープニューラルネットワーク）と呼び、ディープラーニングモデルの原型となります。

また、ニューラルネットワークを改良して、局所最適解に陥らないようにしたモデルとして、1985年にヒントンらがボルツマンマシンと呼ばれる手法も開発しています。ボルツマンマシンはネットワークの動作に温度という概念を組み込んだモデルです。

4-4-4 ニューラルネットワークのパラメータの数

ニューラルネットワークは、隠れ層のニューロン数を設計者が自由に設定することができますが、ニューロン数に応じて学習するパラメータ数も増えていきます。

たとえば、ニューロン数が入力層で3つ、隠れ層で2つ、出力層で1つのモデルの場合、学習するべき重みは8個あり、定数も追加すると全部でパラメータは11個となります。

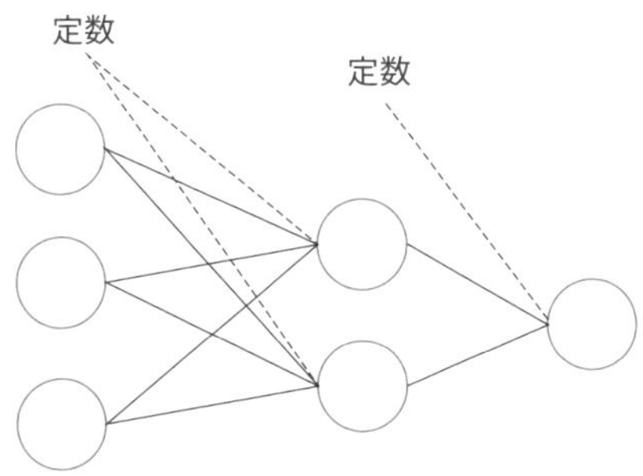

隠れ層のニューロンを2個から10個に増やすと、学習するべきパラメータは全部で51個（重み40個、定数11個）に増えます。学習するパラメータが増えるということは、計算量が多くなり学習時間もより多大な時間がかかります。

また、モデルの予測性能がそれなりの物になるためにはデータ件数も重要であり、研究者たちの経験則として「学習すべき項目の最低10倍のデータが必要」といわれています。

これを**バーニーおじさんのルール**と呼びます。

4-5 CNN：畳み込みニューラルネットワーク

▶▶確認問題

次の各文章を読んで、正しければ○、間違っていれば×をつけてください。
1.CNNは画像データなどで良く行われるディープラーニング手法である
2.畳み込み層では、パディングを指定しないと画像のサイズが小さくなる
3.プーリング層では、maxプーリングやavgプーリングなどが行われる

1.○　2.○　3.○

ここは必ずマスター!

画像データでのディープラーニング

前節までで紹介してきたニューラルネットワークに比べて、CNNは画像データを2次元情報として保持したまま、モデルの入力層に利用する事ができるので、現在の画像分野では、CNNやその派生モデルを利用することが一般的である。

畳み込み層

畳み込み層では、1枚以上のカーネルを用意して、畳み込み演算を行い、画像を増やす。

プーリング層

プーリング層では、特定の枠内の最大値を取るmaxプーリングや、枠内の平均値をとるavgプーリングなどが行われる。

4-5-1 画像データで機械学習

前章で紹介したように、ディープラーニングの基本はニューラルネットワークであり、入力層と出力層の間に隠れ層を設定することです。前章では、単純なニューロンによって構成される隠れ層を利用するディープニューラルネットワークを紹介しましたが、特定の分野に関しては、その分野に適した特殊な隠れ層を設定した方が予測モデルの精度が高くなりやすいです。

たとえば、画像データなどは通常の表形式のデータとは大きく異なります。通常の表形式のデータの場合、1件分の情報はその表の列数分の1次元的なデータとして管理されます。しかし、画像データは縦横の2次元の空間的構造をもったデータです。（厳密にはフルカラーの場合RGBなどの色情報ももつので、1枚の画像でもデータは3次元）そのため、通常のディープニューラルネットワークの場合、入力層を1次元にする必要がありますので画像データをそのまま入力に利用しようとするのは、不適切です。もちろん、2次元データの画像データを無理やり1列に並べて1次元的なデータとして扱い、それをディープニューラルネットワークの入力データとして利用することもできなくはありませんが、「縦横の2次元データ」という情報を失ってしまいます。

そこで開発されたのが畳み込みニューラルネットワーク（Convolutinal Neural Network: 以下CNN）です。CNNは画像データを2次元情報として保持したまま、予測モデルの入力層に利用することができるので、現在の画像分野では、CNNが一般的です。

4-5-2 CNNの基本

CNNモデルの初期モデルが考えられたのは1982年です。CNNモデルは、「人間の視覚野の神経細胞をモデル化する」という考えの元にモデル化されています。この際、

- 画像の濃淡を判別する
- 物体の位置が変動しても同一の物体であるとみなす

という視覚野の2種類の特徴をモデルに組み込みました。

その後1988年に、LeNetと呼ばれるモデルが開発されました。

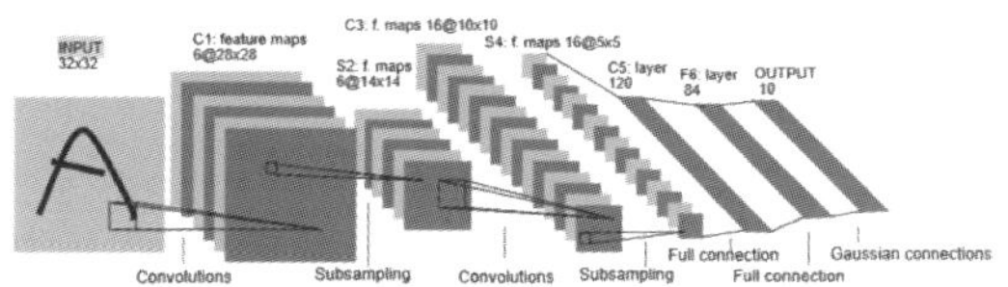

出典：Yann LeCun,Leon Bottou,Yoshua Bengio,Patrick Haffner. (1998). Gradient-Based Learning Applied to Document Recognition,p.7,Fig.2
（http://yann.lecun.com/exdb/publis/pdf/lecun-98.pdf）

図の例は、文字が書かれている画像を入力データとして、その画像にどんな文字が書かれ

ているか分類予測するLeNetモデルのイメージ図です。

このモデルは、「畳み込み層」と「プーリング層」という2種類の特殊な隠れ層を利用しており、現在のCNNモデルの原型です。

それではこの「畳み込み層」と「プーリング層」とはどういった層なのかを見ていきましょう。

4-5-3 畳み込み層

畳み込み層では、入力である2次元データに対して、カーネル（別名フィルタ）を用いて、特徴を抜き出し、新たな2次元データを生成します。

元の画像

1	3	2							
0	2	2							
2	3	2							

カーネル

1	2
1	2

畳み込みとは、カーネルを元画像の左上から順々に重ね合わせていき、対応する画像の値をフィルタの値をそれぞれ掛け合わせたものの総和を取っていく処理です。

畳み込み演算

1×1＋3×2＋0×1＋2×2

＝1＋6＋0＋4＝11

元の画像

1	3	2						
0	2	2						
2	3	2						

×

カーネル

1	2
1	2

＝

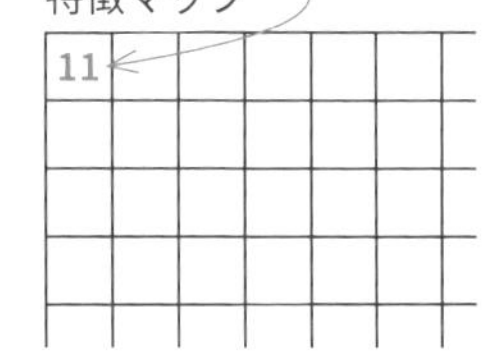

計算し終えたらカーネルを平行移動させて、次のデータで計算します。

畳み込み演算

3×1＋2×2＋2×1＋2×2
＝3＋4＋2＋4＝13

元の画像

1	3	2							
0	2	2							
2	3	2							

カーネル

1	2
1	2

特徴マップ

11	13								

このようにカーネルを右方向と下方向にどんどんスライドさせていって、新しい2次元データを生成します。この2次元データを特徴マップと呼びます。1つのカーネルを利用すると特徴マップは1つ生成されますが、CNNでは1つの畳み込み層の中に複数個のカーネルを設定します。そのため、1つの画像データを入力すると複数個の特徴マップを生成します。

ストライド

カーネルをスライドさせるとき、1マスずつ平行移動させずに、何マスか飛ばして平行移動させることもできます。このとき、何マス飛ばすかを、ストライドという値で設定することができます。

パディング

今、4×4の画像に対して、3×3のカーネルで畳み込み演算をしたとします（ストライド=1）。

このとき生成される特徴マップのサイズは2×2となり、元の画像よりもサイズが小さくなってしまうので、そうならないように、入力の画像の外側に別の値（0など）を埋め込みます。そうすることにより、畳み込み演算後も画像データのサイズは変わりません。

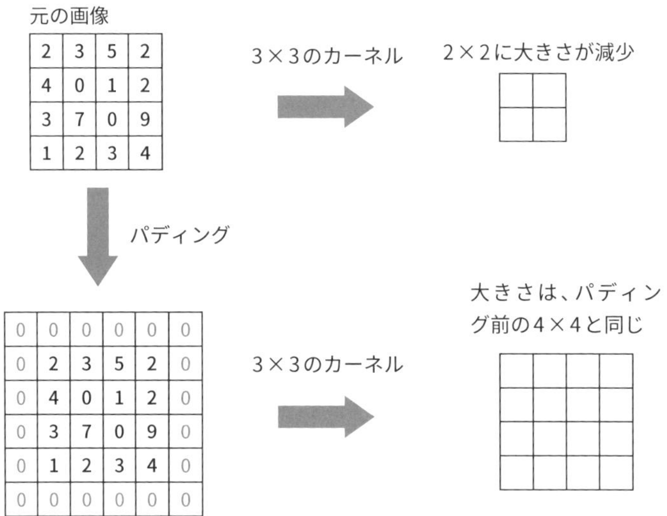

畳み込み演算の結果、出力されるデータサイズは次の計算式で算出できます。

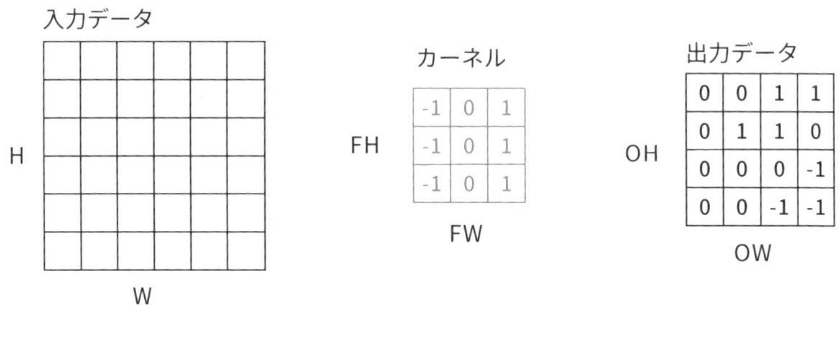

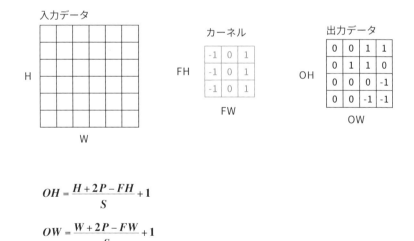

$$OH = \frac{H + 2P - FH}{S} + 1$$

$$OW = \frac{W + 2P - FW}{S} + 1$$

たとえば、サイズが6×6のグレースケール画像に対して、パディング処理は行わず、3×3のサイズをもつカーネルをストライド幅を3として設定した場合、出力サイズは2×2となります。

4-5-4 プーリング層

畳み込み層はカーネルの値によって、さまざまな特徴マップを作成しますが、プーリング層では決められた同じ演算を繰り返す処理で、**ダウンサンプリング**やサブサンプリングとも呼ばれます。

プーリング演算は、畳み込み層のカーネルと同じように、元画像に枠を当てはめていき、その枠を用いた計算をどんどん行って新しい2次元データを生成します。畳み込み層におけるカーネルとの違いは、枠の中に数値が割り振られていないことです。

たとえば、プーリング処理の1つであるmaxプーリングは枠内の最大値を抽出するという処理です。

プーリング演算

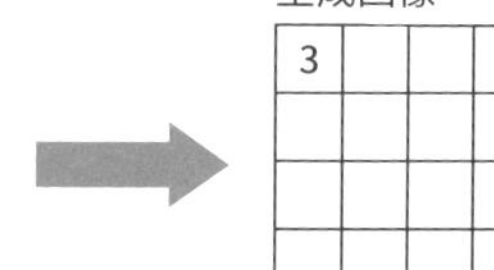

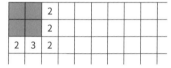

maxプーリングのほかにも、枠内の算術平均を計算するavgプーリングなどがありますが、こちらもただ平均を計算するだけなので枠内に数値などが割り振られているわけではありません。

4-5-5 全結合層

前項、前々項の畳み込み層とプーリング層を繰り返して、画像データは特徴が抽出されますが、最終的な複数枚の特徴マップをどうやって分類するのでしょうか？

実は、最終的な特徴マップを結局1次元データに変換して、通常のニューラルネットワークに接続します。この最後に接続する通常のニューラルネットワークをまとめて全結合層と呼びます。結局、最終的に2次元の画像データを1次元化するのですが、それまでの畳み込み層やプーリング層の過程を経ることで画像の特徴を抽出できているので、普通のディープニューラルネットワークを利用するよりも高い精度が期待できます。

近年では、畳み込み層やプーリング層の画像独自の層から全結合層に切り替わるタイミングで、グローバルアベレージプーリング（GAP）というプーリング層を挟むことが多くなってきました。グローバルアベレージプーリングは、各特徴マップの平均値を出力とする処理です。

例として、畳み込み層やプーリング層を経て最終的に10×10の特徴マップが200個つくられたとします。よって全結合層の入力は10×10×200=20000個のニューロンとなります。
対して、全結合層の直前にグローバルアベレージプーリングの処理を行うと、各マップの平均値を1つの全結合層の入力として扱うので、全結合層の入力ニューロンは200個となります。

ここまでがCNNの概要となります。CNNでは、畳み込層を利用して特徴マップを大量に生成するので、学習するべきパラメータは非常に多くなります。上記の例の場合、グローバルアベレージプーリングを行わないと入力層のニューロンが20000個あるので、3分類をしようとすると、全結合層だけで60000個の重みが必要です。
さらに、畳み込み層のカーネルに設定された重みもあります。したがって、CNNやその派生モデルは、通常のディープニューラルネットワークと比較すると、非常に多くのデータが必要になりそれに伴い、計算量も莫大なものになります。

一般的に、画像データや文書データでディープラーニングを行おうとすると計算量が莫大になってしまい従来のCPUでは追い付きません。
そこで、GPUと呼ばれる演算装置を利用して高速に計算を行います。

4-6 RNN：リカレントニューラルネットワーク

▶▶ 確認問題

次の各文章を読んで、正しければ○、間違っていれば×をつけてください。

1. RNNは勾配消失問題が起きづらい手法である
2. RNNやLSTMは時系列データにおけるディープラーニング手法である
3. LSTMは、入力衝突問題を解決するが、出力衝突問題は解決できない

1. ×　2. ○　3. ×

ここは 必ずマスター！

時系列データとディープラーニング

時系列データは、前のデータと未来のデータに関係がある。前々節で紹介した一般的な、ニューラルネットワークの場合、そういったデータの前後関係は考慮しないが、RNNではデータの前後関係も考慮した学習を行う。

RNNの概要

RNNでは、現在のデータの予測をするために、過去の隠れ層の出力も利用する。RNNでは、勾配消失問題や入力衝突・出力衝突といったデメリットがある。

LSTM

RNNには、勾配消失問題が起きやすいというデメリットがあり、それを改良した手法にLSTMと呼ばれる手法がある。

4-6-1 時系列データと機械学習

日々の株価や気温のデータは、時間軸をもっている時系列データです。時系列データと普通のデータとの違いは、周期性などのパターンをもっていたり、現在の値は過去の値の影響を受けているという点が挙げられます。

このような時系列データを利用して機械学習を行うとき、たとえば「過去10日間の気温を入力として明日の気温を予測する」というモデルを作成する場合、通常のニューラルネットワークでも10日分のデータを1次元の入力として作成することもできなくはないですが、画像のときと同様に時系列独自の情報がそぎ落とされてしまいます。

そのため、時系列データの場合も特殊なネットワーク構成を構築する必要があります。そこで開発されたのがリカレントニューラルネットワーク（Recurrent Neural Network:以下RNN）です。

RNNは、内部に再帰構造をもつニューラルネットワークの総称です。再帰構造によって過去の情報を一時的に保存することができるようになり、時間データなどの系列データも扱えるようになりました。

4-6-2 RNNの基本

RNNでは隠れ層の中に、1時刻前の隠れ層の出力を保持しておく仕組みをつくります。現時点での入力層から隠れ層の出力を計算するために、現時点での入力データと1時刻前の隠れ層からの出力を利用します。

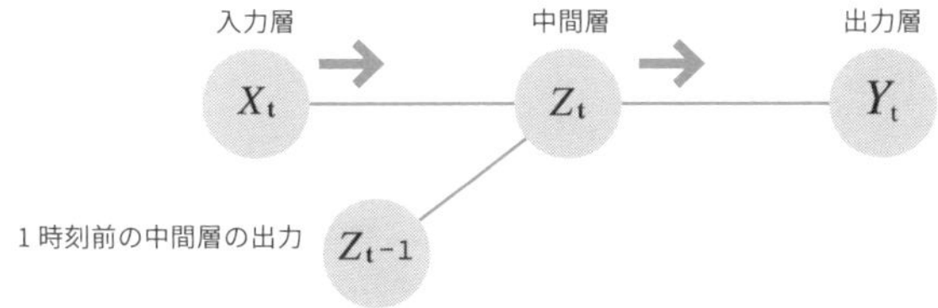

このRNNモデルに対して、データを古いものから順々に入力していきます。入力層から出力層まであるのは通常のニューラルネットワークと同じですが、過去の隠れ層と現在の隠れ層も連結されており重みが割り振られているのが特徴です。

重みを学習するときに逆伝播する誤差も、過去にさかのぼって伝播するのでBack Propagation Through Time（BPTT）と呼ばれています。

実は、過去の情報を利用して現在のデータにも反映させるRNNですが、過去の時間での隠れ層も保持しているためモデルが複雑になりがちです。そのため勾配消失問題が起きやすいという課題がありました。

また、時系列データ固有の問題として、「直近のデータの影響をすぐに受けるのか、それとも直近には影響を与えないけど将来的に大きな影響をあたえるのか？」という問題があります。影響を与えないなら重みは小さくあるべきですが、反対に影響を与えるならば重みは大きくあるべきという一種の矛盾を抱えることがあります。この問題は入力衝突と呼ばれ、RNNの学習が進まない大きな原因の1つです。同様に出力に関しても出力衝突が発生します。

教師強制

たとえば、「昨日の株価から明日の株価を予測する」というタスクにおいて、学習データが5日分あり「100、102、105、104、107」としましょう。

このとき、入力と正解データの関係として

入力データ	正解データ
100	102
102	105
105	104
104	107

とすることができます。この表のポイントとして、n時刻での正解データが次のn+1時刻の入力データとして利用されている点です。

このような関係のことを教師強制と呼びます。教師強制を利用することにより、学習が安定し収束が早くなるというメリットがあります。

4-6-3 双方向RNN

RNNを拡張した手法に双方向RNNと呼ばれる手法があります。基本的なRNNでは、$t-1$時刻のデータを利用してt時刻の値を予測する過去⇒未来の予測モデルでした。一方で、一連の系列データがどのクラスに分類されるかなどの分類モデルの場合、手持ちのデータをすべて利用することができます。そういった場合、過去⇒未来の一方向のみではなく未来⇒過去の方向も同時に考慮した方が精度は良くなりそうです。このように、一連の時系列データにおいて、過去⇒未来の方向と、未来⇒過去の方向を同時に考慮するRNNモデルを双方向RNNと呼びます。

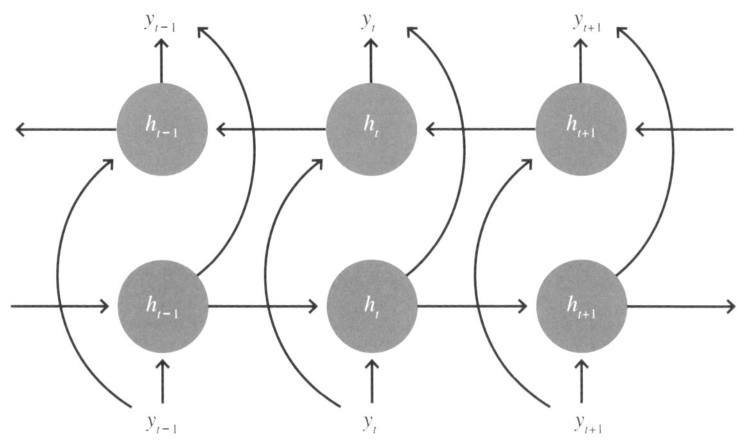

4-6-4 LSTM

過去の情報を利用して現在のデータにも反映させるRNNですが、過去の時間での隠れ層も保持しているためモデルが複雑になりやすいです。そのため勾配消失問題が起きやすいという課題がありました。

また、時系列データ固有の問題として、「直近のデータの影響をすぐに受けるのか、それとも直近には影響を与えないけど将来的に大きな影響をあたえるのか？」という問題があります。影響を与えないなら重みは小さくあるべきですが、反対に影響を与えるならば重みは大きくあるべきという一種の矛盾を抱えることがあります。この問題は入力衝突とよばれRNNの学習が進まない大きな原因の1つです。同様に出力に関しても出力衝突が発生します。

この問題を解決すべく、RNNを改良したLSTM（Long　Short- Term Memory）と呼ばれる手法が開発されました。

LSTMは、隠れ層の構造を変えて、LSTMブロックというものを導入しています。このブロック内には、情報を必要なタイミングで保持・消去するためのゲートという仕組みがあります。LSTMは最もよく使われる時系列データのモデルですが、計算量が非常に多くなります。そのためLSTMを少し改良したGRUと呼ばれる手法が用いられる場合があります。

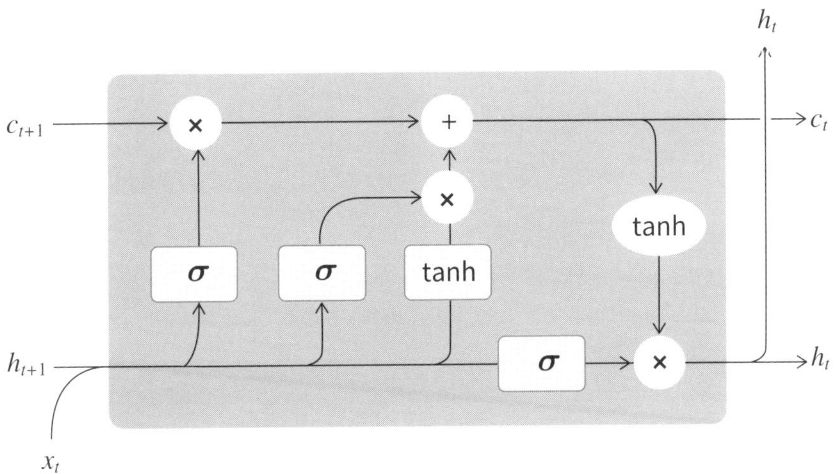

4-6-5 Attention

RNNやLSTMによって、過去の情報を記憶して未来の予測を行うことができますが、次の時刻のデータを予測するために、過去のどの時点のデータが重要になるかということは、そのときどきによって変化するはずです。こうした考えをもとに用いられるようになったのがAttentionという仕組みです。

たとえば、人間の質問に回答する対話型AIをつくりたいときは、質問文を入力として、その応答を出力とする自然言語処理のモデルをつくる必要があります。

このとき、質問文のどの部分がポイントになるかは、文の内容によって異なるはずです。Attentionはそういった課題に対応した手法です。

4-7 強化学習

前章で、機械学習には、教師あり学習と教師なし学習のほかにも、強化学習という手法があると紹介しました。この節で基本的な用語や概念を押さえましょう。

▶▶ 確認問題

次の各文章を読んで、正しければ○、間違っていれば×をつけてください。

1. DeepMind社が開発した、AlphaGoは、チェスAIである
2. 強化学習では、行動による報酬が最大になるように行動する
3. Q学習にディープラーニングを組み合わせた手法をDQNと呼ぶ

1.×　2.○　3.×

必ずマスター！

強化学習とは

強化学習では学習の主体であるエージェントという概念が重要である。エージェントとは、現在の状態を元に行動を選択肢、実際に行動しようとするモノの事であり、強化学習では、エージェントがどのような行動をとるべきかを学習する。

報酬と価値

エージェントは行動をするたびに報酬を受け取る事ができ、報酬が最大になるような方策（状態を元に選択する行動の指針）を学習していく。将来もらえるだろう報酬も含めたすべての報酬を価値と呼ぶ。

行動価値関数Q

今の状態と行動を引数としてその行動価値を計算する関数を行動価値関数Qと呼ぶ。推定手法は、Q学習、モンテカルロ法、TD学習、Sarsaなど、さまざまな種類がある。

4-7-1 強化学習とは

これまで教師あり学習に関する機械学習（特にディープラーニング）を見てきましたが、機械学習の種類には教師あり学習のほかにも強化学習という種類もあります。本節では強化学習に関して紹介します。

強化学習は「行動の選択肢が与えられたとき、どの行動をとればベストであるか」ということを学習します。現実社会での実装では2足歩行ロボットの歩行制御や、囲碁や将棋などのボードゲームAIなどで利用されています。ボードゲームAIでは、Google傘下のDeepMind社が開発した囲碁のプロ棋士にハンデなしで勝利を収めた囲碁プログラムのAlphaGoが有名です。

強化学習では学習の主体であるエージェントという概念が重要です。エージェントとは、現在の状態を元に行動を選択肢、実際に行動しようとする学習主体のことです（下図におけるロボット）。

今、状態がエージェントに与えられました。その状況によってエージェントには選択肢がたくさんありますが、ある選択肢を選んでエージェントが行動を起こすと「その行動がどのぐらい良かったか？」というフィードバックが来ます。このフィードバックを報酬と呼びます。

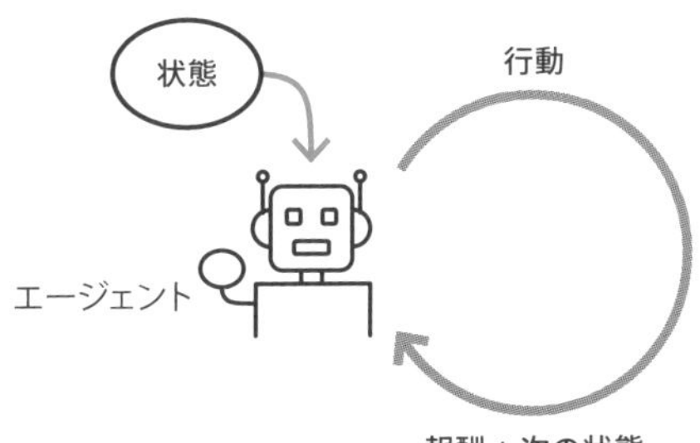

エージェントは報酬が最大になるような方策（状態を元に選択する行動の指針）を学習していきますが、今の行動における報酬の最大化のみを考えるのではなく、「将来的にもらえるであろう報酬の総和も踏まえて、将来的な報酬が最大になるためには今、どんな行動をとるべきか？」という将来の結果を踏まえた現在の行動の価値を学習します。

今の状態と行動を引数としてその行動価値を計算する関数を行動価値関数Qと呼びます。AIは、このQを推定することにより、運用時に自身がとるべき行動を決定することができます。推定手法は、Q学習、モンテカルロ法、TD学習、Sarsaなど、さまざまな種類があります。たとえば、モンテカルロ法ではランダムな一連の行動の結果から状態価値を学習します。

上記のような、ある方策のもとで最適な行動価値関数Qを推定することを価値ベースの強化学習と呼びます。対して方策を最適化する手法を方策ベースの強化学習と呼びます。

方策ベースの強化学習の中で、累積報酬を最大化する方策を勾配によって学習する手法を方策勾配法と呼んだりします。

4-7-2 深層強化学習

強化学習を利用すると、現実社会のさまざまな問題をAIで自動化できそうですが、現実社会において、「状態をどのように厳密に定義するのか？」という問題がありました。

しかし、強化学習のエージェントと状態の関係にニューラルネットワークの考えを組み合わせることによって、強化学習の可能性が一気に広がりました。DeepMind社がゲーム専用AIを開発していますが、強化学習の1つの手法であるQ学習にディープラーニングを組み合わせていることから、DQN（deep q-network）と呼ばれています。

このAIは、ゲームに関する予備知識なしで何度も試行錯誤を繰り返し、ゲームのルールやどうやったらクリアできるのかを自動で学習します。

このような背景によって、現在強化学習とディープラーニングを組み合わせた深層強化学習の研究が活発に行われています。最近ではDQNを発展させた手法でA3Cと呼ばれる手法などもあります。

また、ロボットの動作を強化学習で学習させる際、一連の動作を1つのディープラーニングで学習させることを一気通貫学習とも呼んだりします。

4-7-3 強化学習の課題

強化学習の課題としては学習の時間が非常にかかるという問題があります。ほかにも、マルチエージェント応用という課題があります。

2体のロボット同士で学習を開始させようとすると、お互いに初期状態であるタスクについての知識が何もない状態だと学習の不安定化が見られます。

▶▶ 章末問題

問題1 以下の文章を読み空欄にあてはまる単語をそれぞれ1つ選択せよ。

ディープラーニングは、（ア）機械学習の手法をいうが、従来の機械学習に比べて優れた点として、（イ）が挙げられる。しかし、ディープラーニングがあらゆる手法の中で常に最高の手法を誇るというわけではなく、「あらゆるタスクにおいて万能な機械学習モデルは存在しない」という（ウ）の例外とはならない。

（ア）の選択肢

1. 機械に対して精神を与える
2. 深い探索木を用いる
3. 脳全体を模倣した
4. ディープニューラルネットワークを利用した

（イ）の選択肢

1. 過学習が起こりにくくなる
2. より複雑な関数を近似できる
3. 一切のデータの前処理が必要なくなる
4. データ量が少なくて済む

（ウ）の選択肢

1. 醜いアヒルの子定理
2. ベイズ定理
3. バーニーおじさんのルール
4. ノーフリーランチの定理

問題2 分類モデルの1つにパーセプトロンがある。学習済モデルが次のように定式化されるとき、新しいサンプルデータは、クラス0とクラス1のどちらに分類されるか。

$$\text{重みベクトル}\ w = \begin{bmatrix} 0.2 \\ 0.6 \\ -0.5 \end{bmatrix} \qquad \text{入力}\ x = \begin{bmatrix} x_1 \\ x_2 \\ x_3 \end{bmatrix}$$

$$\text{総入力}\ u = w^T x$$

$$\text{出力}\ y = \begin{cases} \text{クラス}\ 0 (u < 0) \\ \text{クラス}\ 1 (u \geq 0) \end{cases}$$

$$\text{新しいサンプルデータ}\ x_{new} = \begin{bmatrix} 1 \\ 2 \\ 3 \end{bmatrix}$$

1．クラス0
2．クラス1

問題3 以下の文章を読み、空欄にあてはまるものを選択肢から1つずつ選べ。
ディープニューラルネットワークが予測を行う際の計算ルールを考える。まず最初に、データが入力層に入力され、次の層との間のコネクション（結合、結線）に与えられた（ア）を乗じた値の合計を取り、それに（イ）を足す。その後（ウ）による変換を加えられた値が次の層に渡される値となる。

1．活性化関数
2．バイアス
3．学習率
4．偏微分
5．重み
6．自己符号化器

問題4 以下の文章を読み、空欄にあてはまるものを選択肢から1つずつ選べ。

ニューラルネットワークの学習には、独自の問題が生じる。層を深くするほど、逆伝播時に入力層に近いところで学習が行われなくなる（ア）問題が起こったり、パラメータが非常に多くなってしまい、局所最適解や（イ）にトラップされることが多くある。

（ア）の選択肢

1．トロッコ
2．勾配消失
3．スケジューリング
4．深層忘却

（イ）の選択肢

1．中点
2．変曲点
3．特異点
4．鞍点

問題5 以下の文から正しい説明となっている選択肢を1つ選べ。

1．ディープラーニングは大量データがある場合、必ずどの手法よりも予測性能が良くなる。
2．DNNはコンペティションで高い成績を収めているが、現実社会のデータにDNNを適応するのは非常に難しい。
3．DNNは層を深くすればするほど、確実に精度は良くなる。
4．線形分離不可能データはDNNで始めて分離できるようになった。
5．上記に適切な選択肢はない。

問題6 **次の文章の空欄にあてはまる選択肢を選べ。**

画像認識などに用いられるCNNは、歴史的には動物の視神経をヒントに研究されてきた。CNNは（ア）の一種であり、入力画像の各位置と結合して積和計算や活性化関数による変換などを行う（イ）や、平均や最大値などを用いて入力データをサンプリングする（ウ）をもつことが特徴である。

（ア）の選択肢

1．確率的ニューラルネットワーク

2．順伝播型ニューラルネットワーク

3．全結合型ニューラルネットワーク

4．回帰結合型ニューラルネットワーク

（イ）の選択肢

1．プーリング層

2．ソフトマックス層

3．畳み込み層

4．全結合層

（ウ）の選択肢

1．プーリング層

2．ソフトマックス層

3．畳み込み層

4．全結合層

問題7 **次の文章を読み空欄にあてはまる選択肢を選べ。**

RNNは内部に（ア）をもつニューラルネットワークの総称であり、この構造は（イ）を扱うことを目的に開発された。（イ）を扱えるようになったのは、（ア）によって、（ウ）ができるようになったためである。

（ア）の選択肢

1．線形構造

2．多層構造

3．再帰構造

4．分岐構造

（イ）の選択肢

1．系列データ

2．画像データ

3．訂正データ

4．確率データ

（ウ）の選択肢

1．情報を一時的に記憶させること

2．勾配消失問題の発生を防ぐこと

3．データのノイズを無視すること

4．規模の大きなデータを学習させること

問題8 **深層強化学習について述べた以下の文章を読み、選択肢に当てはまるものを選べ。**

深層強化学習には、行動価値関数Qを推定する手法がある。この行動価値関数Qとは（ア）を表す関数である。この関数を推定することによって、次の行動を選択することができるようになる。また、DeepMindが開発した（イ）という手法はQをニューラルネットワークで代替している。

（ア）の選択肢

1．その状況において、とりうる行動の価値

2．その行動をとった時点で獲得できる報酬

3．これまでの行動により獲得した価値の総和

4．ゲームなどの環境に固有な明示的ルール

（イ）の選択肢

1．DQN

2．モンテカルロ法

3．Sarsa

4．TD学習

問題9 **次の文章を読み、空欄にあてはまる選択肢を選べ。**

LSTMは（ア）の一種であり、内部にゲート構造を設けている。これにより（ア）の抱える（イ）という問題を解決する方法として提案された。

（ア）の選択肢

1．CNN

2．RNN

3．自己符号化器

4．ボルツマンマシン

（イ）の選択肢

1．長い系列をさかのぼるにつれて学習が困難になる

2．解像度の高い画像を扱えない

3．勾配降下法が使えない

4．予測精度が上がりづらい

問題10 RNNに関する次の文章を読み正しい選択肢を1つ選べ。

1. テキストデータを扱えるのはRNNだけである
2. 画像データを扱えるのはRNNだけである
3. RNNでは、入力データと過去の隠れ層の状態から出力を計算する
4. RNNでは、層数を小さくしておけば勾配消失は起きづらい

問題11 次の選択肢の中で、強化学習で用いられる手法を指していない選択肢を1つ選べ。

1. TD学習
2. Q学習
3. モンテカルロ法
4. ステップワイズ法
5. DQN
6. A3C

問題12 サイズが6×6のグレースケール画像に対して、パディングなしでサイズが2×2のカーネルを用いて畳み込み演算を行う。スライドの幅が1のとき、出力のサイズは次のうちどれか。

1. 5×5
2. 4×4
3. 3×3
4. 6×6

解答と解説

問題1　**正答（ア）…4、（イ）…2、（ウ）…4**

（ア）…4

人間の脳を模したのは、ニューラルネットワークやディープニューラルネットワークである。ディープラーニングはディープニューラルネットワークの考えを基本にして、拡張した手法だが、ディープラーニングの1つであり時系列データなどで扱われるLSTMは、人間の脳を模しているわけではない。

（イ）…2

隠れ層の総数を増やすことにより、複雑なデータに対しても、精度が良くなる。ディープラーニングによって、特徴量の設計などの負荷は減るが、前処理を「全くしなくてよい」という訳ではない。

（ウ）…4

ノーフリーランチの定理によって、万能なモデルが存在しないことがいわれているので、現状のデータにおいて、各モデルのメリット・デメリットを基にさまざまなモデルを使い分ける必要がある。

問題2　**正答　1**

まずは、総入力uを計算する。

$$u = w^T x$$

と、数学の計算式で書かれているが、要は「対応する重みとデータを掛け算して最後に合計する」処理である。

$$u = -0.1$$

となる。

設問では隠れ層を利用せず、この値を活性化関数で変換した値を出力としている単純パーセプトロンがモデルとなっている。このように特定の閾値（今回の場合は0）を境に、0と1のどちらかに変換する関数をステップ関数と呼ぶ。

なお、$u<0$であるので、分類はクラス0となる。

問題3　**正答　（ア）…5、（イ）…2、（ウ）…1**

順伝播の計算は、入力のデータと重みを乗じて足したものにバイアス（定数）を足す。

その値に対して活性化関数を変換して、次の層に渡す。

問題4　**正答　(ア)…2、(イ)…4**

勾配降下法では、その地点の傾きを基に、重みを更新する。隠れ層が深くなると、傾きが0に近くなってしまい学習が進まない現象のことを勾配消失問題という。重み更新の逆伝播は、出力層から入力層に向けて行われるので、入力層に近い重みほど、勾配消失が起きやすくなる。

また、勾配降下法で誤差関数の最小値を求めるが、最小値の周囲は、誤差関数は谷の形状になっているはずである。

よって、「最小値である⇒その地点の傾きは0である」は成立するが、逆はいくつか例外があるので成立しない。重みは最初ランダムに決まるので局所最適解にはまる可能性や、誤差関数の形状の問題で鞍点にはまる可能性がある。

問題5　**正答　5**

すべての選択肢が不適切である。ディープラーニングは大量データや、層を深くしたといっても必ず精度が高くなるとは限らない。

問題6　**正答　(ア)…2、(イ)…3、(ウ)…1**

(ア)…2

CNNも入力層～隠れ層～出力層から構成される順伝播型ニューラルネットワークである。

(イ)…3

畳み込み層では、重み付きのカーネルを利用して積和計算を行い、新たな画像を生成する。モデル学習により、そのときのカーネルの重みの値を更新する。

(ウ)…1

プーリング層には、maxプーリングやavgプーリングなどがある。畳み込み層とは異なり、カーネルの重みなどはなく、単純な最大値抽出や平均値抽出を行う。

問題7　**正答　（ア）…3、（イ）…1、（ウ）…1**

（ア）…3　再帰構造

RNNネットワークでは、直近に利用したデータを、今回の順伝播時にも利用できるような再帰構造をもっているニューラルネットワークである。

（イ）…1　系列データ

RNNの特徴として、株価などの時系列データやテキストなどの自然言語データといった、所謂系列データを扱えるようになった。

（ウ）…1　情報を一時的に記憶させること

RNNは再帰構造をもっている。直近に利用したデータの情報を一時的に記憶させることで、現在のデータに関する予測に利用することができる。

問題8　**正答　（ア）…1、（イ）…1**

（ア）…1　その状況において、とりうる行動の価値

強化学習によるAIは行動により報酬を得ます。この時現時点での報酬ではなく将来的にもらえるであろう報酬も考慮して、現時点でとるべき選択を考える。

（イ）…1　DQN

DQN…DeepMind社が開発しAIに用いられている学習法

モンテカルロ法…シミュレーションや数値計算を乱数を用いて行う方法の総称。強化学習で価値を推定する際にも用いられる

Sarsa…エージェントが試行錯誤することで価値関数を求めるアルゴリズム

TD法…価値関数の推定法の一種

問題9　**正答　（ア）…2、（イ）…1**

（ア）…2　RNN

（イ）…1　長い系列をさかのぼるにつれて学習が困難になる

LSTMはRNNのデメリットを改良したモデルである。従来のRNNでは、過去の情報を記憶して利用するとき、過去のデータになればなるほど、学習が進みにくいという問題があったが、LSTMはこの問題を解決している。

問題10　**正答　3**

テキストデータや画像データは、さまざまなモデルで利用できるので、「RNNだけ」ということではない。

問題11　**正答　4**

ステップワイズ法は重回帰分析などで用いられる説明変数を選択する手法の一種で、1つずつ説明変数を追加したり、削除したりしながら、最適な説明変数の組合せを探していく手法である。

問題12　**正答　1**

パディングを行わないので、入力よりサイズは必ず減るので、選択肢4は除外できる。

また、横方向と縦方向は同じなので一方だけを考慮すればよく、6×6の画像の中で、2×2のカーネルは横方向に計5回スライドすることができる（スライド幅1より）ので、出力されるデータのサイズは5×5となる。

5

ディープラーニングの研究分野

5-1 画像分野（画像分類、物体検出、セグメンテーション）

CNN（畳み込みニューラルネットワーク）の登場により、画像識別の精度が大きく向上していきました。画像分野ではCNNを始めとしたさまざまな応用手法が登場しています。

▶▶ 確認問題

次の各文章を読んで、正しければ○、間違っていれば×をつけてください。

1. 2015年にはMicrosoftが開発したLeNetが人間の識別率を超える結果を出した
2. 物体検出では、画像内にバウンディングボックスと呼ばれる矩形領域を切り出して、領域ごとに何が写っているのかを予測する
3. セマンティックセグメンテーションは画像内のピクセル単位で何が写っているのかを予測する

1.×　2.○　3.○

ここは 必ずマスター！

画像認識の歴史

2012年にトロント大学のジェフリー・ヒントン教授らによって構成されたAlexNetというモデルがコンテストで優勝しその後、2014年にはGoogleのエンジニアが中心となって開発したGoogLeNetが人間の識別率に迫る高い予測精度を出したことで注目を浴びた。GoogLeNet はインセプション モジュールという小さなネットワークを積み重ねていくという特徴をもっている。

2015年にはMicrosoftが開発したResNet（Residual Network）が人間の識別率を超える結果を出したことも大きな話題となった。

5-1-1 画像分類

ディープラーニングを使った画像識別の基礎は、画像の中に何が写っているのかというこ

とを予測することから始まっています。CNNは画像1枚に対して1つの正解ラベルをもつ大量の訓練データの中から特徴を学習して、予測を行うモデルです。

5-1-2 代表的な画像分類モデル

2010年から2017年の間、ILSVRC（ImageNet Large Scale Visual Recognition Challenge）という画像識別の精度を競う国際コンテストが毎年開催されていました。

ILSVRCは、1400万枚の画像を1000クラスに分類するときの精度を競うコンテストですが、2012年にトロント大学のジェフリー・ヒントン教授らによって構成されたSuperVisionというチームが開発した8層構造のCNNをベースとしたAlexNetというモデルが優勝しました。

AlexNetの登場前もCNNベースのモデルはありましたが、階層が浅かったため、予測精度はそれほど高くはありませんでした。これに対してAlexNetは前年までの予測精度を大きく上回った結果を残したことから注目を浴びました。

また、この年以降はたくさんの階層をもつCNNベースのモデルがコンテストに多く登場することになったことから、AlexNetはディープラーニングの火付け役といわれています。

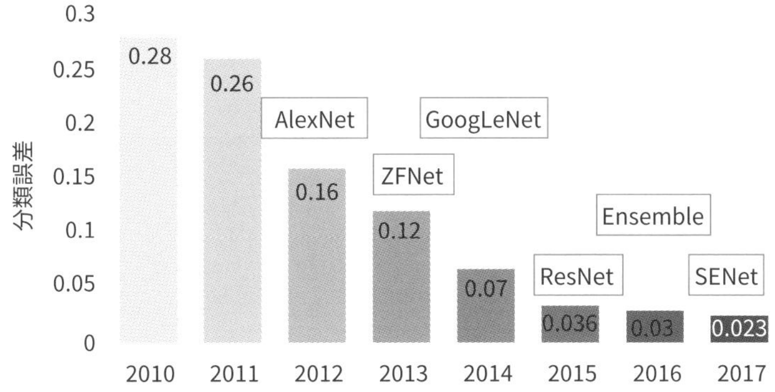

その後、2014年にはGoogleのエンジニアが中心となって開発したGoogLeNetが人間の識別率に迫る高い予測精度を出したことで注目を浴びました。GoogLeNetはインセプションモジュールという小さなネットワークを積み重ねていくという特徴をもっています。

2015年にはMicrosoftが開発したResNet（Residual Network）が人間の識別率を超え

る結果を出したことも大きな話題となりました。ResNetはスキップコネクションという階層のショートカットを行う仕組みを使うことで152層という非常に深いネットワークでも効率的に学習できるので予測精度の向上を果たしています。

なお、これらの予測モデルと論文は一般公開されています。

5-1-3 物体検出

物体検出は、画像内のどの領域に何が写っているのかという、物体の位置と物体ラベルを予測するタスクです。

物体検出では、画像内にバウンディングボックスと呼ばれる矩形領域を切り出して、領域ごとに何が写っているのかを予測しています。

物体検出は車載カメラで人物や対向車などの位置を特定するために利用されています。

代表的な物体検出のモデルは次の通りです。

R-CNN（Regional CNN）

CNNをベースとした、物体検出の先駆けともいわれるアルゴリズムで、ロス・ギルシックらによって2013年に開発されました。R-CNNは関心領域とよばれる領域を切り出して、領域ごとにCNNを呼び出してクラス分類を行います。領域の切り出しはディープラーニングではない外部アルゴリズム（Selective Search）を使用し、CNNで領域ごとの特徴量を取り出すため実行時間がかかるという問題がありました。

R-CNNでは、畳み込み層やプーリング層で領域の特徴量を抽出した後の最終的な分類は、全結合層ではなくSVMを利用します。

Faster R-CNN

Fastar R-CNNでは関心領域を生成するために、領域提案ネットワークを内部構造にもちます。このため、領域の切り出しからクラス分類までを単一のモデルで実行（end-to-end学習）することができるため、高速に処理を行うことができるようになりました。Fastar R-CNNは1秒あたり16フレーム程度の処理を行うことができるため、動画認識への応用が示唆されました。Fastar R-CNNはマイクロソフトによって2015年に開発されました。

YOLO（You only look once）

YOLOは、あらかじめ画像全体をグリッド分割しておき、それぞれのグリッドごとに物体のクラスとバウンディングボックスを求めるアルゴリズムでジョセフ・レドモンらによって2016年に開発されました。YOLOはFastar R-CNNと同じくend-to-end学習を行います。また1秒あたり45フレーム程度を処理することができる、非常に高速なアルゴリズムです。

SSD（Single Shot Multibox Detector）

Fastar R-CNNやYOLOと同様にend-to-end学習を行うアルゴリズムです。

YOLOは単一の階層でバウンディングを出力していましたが、SSDではExtra Feature Layersという複数の畳み込み層でバウンディングボックスを出力するため、入力画像のサイズや解像度が低くても精度の高い予測を行うことができるように工夫されています。SSDは2016年にウェイ・リュウらによって開発され、一秒あたり59フレーム程度の処理を行うことができます。

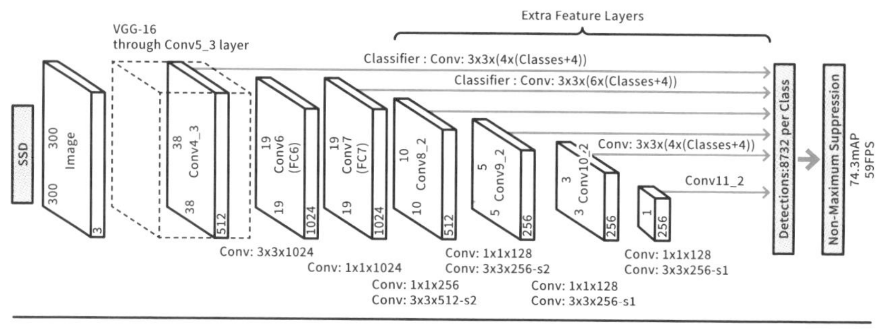

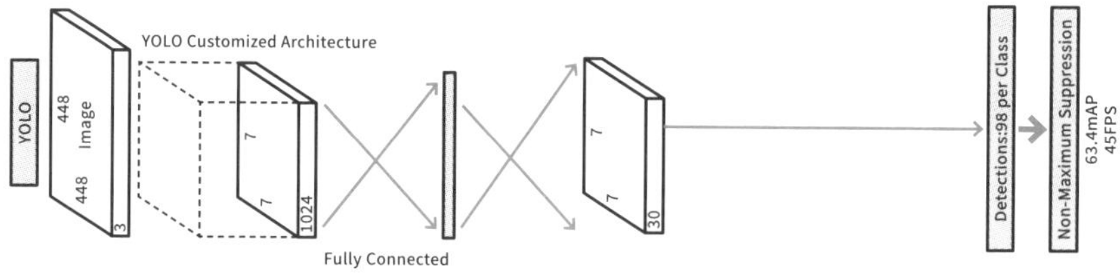

出典：Wei Liu, Dragomir Anguelov, Dumitru Erhan, Christian Szegedy, Scott Reed, Cheng-Yang Fu, Alexander C. Berg.（2016）. SSD: Single Shot MultiBox Detector,p.,Fig. 2を作図
（https://arxiv.org/pdf/1512.02325.pdf）

5-1-4 セマンティックセグメンテーション

セマンティックセグメンテーションは画像内のピクセル単位で何が写っているのかを予測するタスクです。物体検出のように矩形の領域を抽出するのではなく、ピクセル単位で処理を行うためより詳細な領域分割を行うことができます。

セマンティックセグメンテーションの代表的なモデルにFCNやU-Net、SegNetなどがあります。

FCNはFully Convolutional Networkの略称で、その名の通りすべての階層を畳み込み層のみで実現しています。

セマンティックセグメンテーションは同じカテゴリに属する複数の物体を1つのものとして扱います。このため、重なり合った物体同士の検出はとても困難になります。

このようなタスクに取り組むための手法としてインスタンスセグメンテーションがあります。

インスタンスセグメンテーションは、同一カテゴリの複数の物体をインスタンスごとに識別することが可能になります。

インスタンスセグメンテーションの代表的なアルゴリズムにMask R-CNNなどがあります。

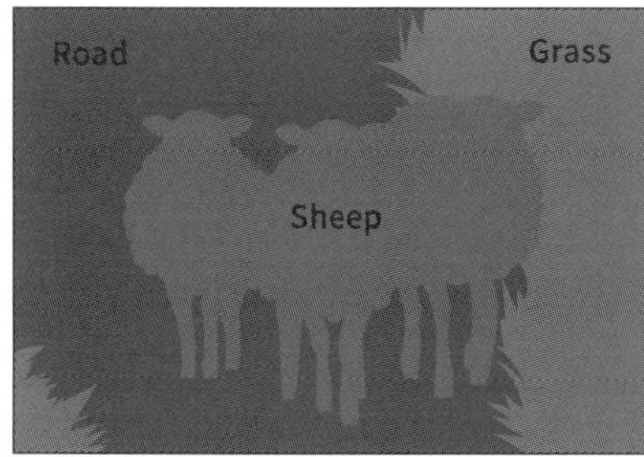

セマンティックセグメンテーション

インスタンスセグメンテーション

Mask R-CNNは、Faster R-CNNをベースに開発されたアルゴリズムです。

Faster R-CNNの物体検出を行うロジックにmask branchという処理を加えることで、セグメンテーションの機能を実現しています。これにより、インスタンスごとの識別を行っています。

Mask R-CNNは2017年にフゥ・カィミンらによって開発されました。

5-2 自然言語処理

▶▶ 確認問題

次の各文章を読んで、正しければ○、間違っていれば×をつけてください。

1.形態素解析とは、文書を文節ごとに分割する作業である

2.Word2Vecは、文書をベクトル化する手法である

3.入力画像から、その画像についての説明文を出力することをキャプション生成と呼ぶ

1.×　2.×　3.○

ここは 必ずマスター！

自然言語処理とは

自然言語処理とは、人間が日常的に使う言葉をコンピュータで処理させる技術を表す。意味解析などの従来型の手法や、ディープラーニングを用いた手法など、さまざまなアプローチがある。

形態素解析

形態素解析とは、文書を単語の羅列に分割することであり、MeCabなどの解析ツールを利用することで、品詞などを解釈して分割することができる。

Word2Vecとは

Word2Vecとは文書中の単語をベクトルに変換することである。これにより「Played - play +make =made」のような単語同士の演算などを行うことができる。

5-2-1 概要

自然言語処理とは、人間が日常的に使う言葉をコンピュータで処理させる技術を表します。機械翻訳や音声認識、チャットボットなど私たちの身の周りにも自然言語処理を活用したシステムが多く実装されてきました。

自然言語処理は、意味解析などの従来型の手法や、ディープラーニングを用いた手法など、さまざまなアプローチがあります。

手法はさまざまですが、自然言語をコンピュータで処理させるために必要な共通するステップの概要は、次のとおりです。

1．単語に分割

私たちが普段使っている言葉は、一文や文章といった文字の塊です。

はじめに形態素解析などの手法を使って、文の中から、単語の切り出しを行います。

2．単語のベクトル化

分割された各単語を数値化していきます。文脈や単語の前後関係を意識できるように、数値はある程度の桁数をもせます。

3．予測計算

単語ベクトルを用いて、文書生成や機械翻訳といったタスクを実現するための計算を行います。

5-2-2 代表的な自然言語処理の手法

一般に、従来から広く利用されている自然言語処理は、コーパスやシソーラスと呼ばれる、あらかじめ人間が体系化した言語解析に必要なデータベースをもとに解析を進めていきます。主な処理の流れは次のとおりです。

1．形態素解析

形態素解析とは、文書を意味のある最小の単位に分割することです。

日本の首都は東京です。

↓ 意味のある単語に分割（品詞や数字、記号ごと）

日本	の	首都	は	東京	です	。
名詞	助詞	名詞	助詞	名詞	助動詞	記号

単語ごとに品詞などを判別

日本語は英語と異なり、単語の間にスペースなどで区切ることは行いません。このため、文を構成する単位を認識させるための仕組みが必要になります。MeCabやJUMANなどの形態素解析ツールを利用することで品詞などを解釈して意味のある最小の単語に分割することができます。

品詞分解を行った後は、句読点などノイズになりやすい情報を除去したり表記ゆれを整形したりします。

2. 構文解析

構文解析は文法に従って、文の句構造や係り受けを推定するタスクをいいます。

「望遠鏡で泳ぐ少女を見た」という文では、望遠鏡を泳ぐための道具として捉えることも、泳いでいる少女を見るための道具と捉えることができます。

構文解析ツールの代表的なものとしてCabochaやKNPがあります。

3. 意味解析

構文解析によって、文法から単語の関係性を明らかにできますが、意味的に正しい稼動かまでは判断できません。先ほどの「望遠鏡で泳ぐ少女を見た」という文は、望遠鏡を使って泳いでいた可能性もありますが、泳いでいる少女を見るための道具として望遠鏡を使ったと考えるのが妥当です。

このように意味解析では、一般的な経験則に基づくヒューリスティックスや確率的情報を使って候補を絞っていきます。

また、文章の意見が否定的か肯定的かを分類する**センチメント分析**や、一方の文が他方の文の意味を含むかどうかを解析する**含意関係解析**などが意味解析の手法として挙げられます。

4. 文脈解析

文脈解析とは複数の文に対して、文を超えたつながりについて解析を行い、一文ではなく段落や文章全体の意味を捉えようとするタスクをいいます。「行間を読む」という言葉と同じように、文脈には文字には表れない文書の背景に隠れた知識など複雑な情報が含まれるため、とても難しいタスクとなります。

文脈解析の手法として、文章中の文と文の間の意味的な関係性や話題の推移を推定する**談話構造解析**や、「これ」や「それ」といった指示代名詞が何を表すのかを推定したり、省略された名詞や代名詞を推定する**照応解析**があります。

5-2-3 単語埋め込みモデル

単語から数値ベクトルを生成する処理を単語の分散表現や単語埋め込みと呼びます。

オートバイ　7、7、6、6、0、0、0、0、5、9…
あるルールに基づいて数値化を行う

単語埋め込みモデルは従来型の自然言語処理のアプローチとは異なり、事前にデータベースを必要としないため、未知の単語に強いという特徴があります。

自然言語処理を行うには、文字を数字に変換する必要がありますが、より自然な処理結果を得るために、文脈における単語の意味や関係に注目してベクトル化する手法が提唱されています。

代表的な単語埋め込みモデルとして、次のようなものがあります。

Word2Vec

2013年にトマス・ミコロフ氏らによって開発された手法で、文書中の単語を記号と捉え、これらの記号をベクトル化します。これにより文書内の単語のベクトルを比較することで類似度を算出することが可能になるため、Played – play+ make=madeといった演算ができるようになります。

Word2Vecには、**CBOW**と呼ばれる周辺語から、その間にある単語を推論するタスクと、**Skip-gram**と呼ばれる、中心となる単語から周囲の単語を予測するタスクがあります。

■CBOW（Continuous Bag-of-Words Model）方式
●周辺の単語から中心の単語を推測

C = 1；ある単語から1つ離れた中心語を予測

The quick brown ＿ jumps over the lazy dog

C = 2；ある単語から2つ離れた中心語を予測

■Skip-Gram Model方式
●ある単語から中心の単語を推測

C＝1；中心語から1つ離れた単語を予測

C＝2；中心語から2つ離れた単語を予測
※Cはウインドサイズ、いくつ離れた単語を予測対象とするかの単位

fastText

2016年にトマス・ミコロフ氏らによって開発された手法で、subwordという概念を取り入れることで、訓練データには存在しない未知の単語に強いという特徴があります。またWord2Vecに比べて学習が早いという特徴もあります。

ELMo

2018年にマシュー・ピーター氏らによって開発された手法で、文脈を考慮した単語ベクトルを獲得する手法です。たとえば、Bankには、銀行や土手など複数の意味をもちますが、文章内で出現するBankが、文章内のほかのBankと同じ意味なのかどうかを、文脈から判断することができます。

Bert

Bert は Bidirectional Encoder Representations from Transformers（双方向Transformerによる汎用的な言語表現モデル）の略称で2018年にGoogleによって開発されました。

文章における単語の並びから、ほかの文章の単語の並びを予測します。

モデルの訓練に、入力データの一部をマスクトークンと呼ばれる情報にランダムに置き換えて、文章を穴埋め問題のように制約をかけながら学習を行うことで予測性能の向上を図っています。

BoW（Bag of Words）

これまで紹介してきたCBOWや SkipGramは、単語をベクトル化する手法でしたが、BoWは文章（センテンス）をベクトルの形式に変換する手法です。

5-2-4 トピックモデル

トピックモデルとは、文書中に出現する単語の種類や出現頻度に基づいて、その文書の潜在的な意味（トピック）を解析する手法の1つです。

文書をトピックモデルで分析することで、その文書がどういう内容なのかを予測することができるため、文書のタグ付けやグルーピング、関連文書の提示などに利用することができます。

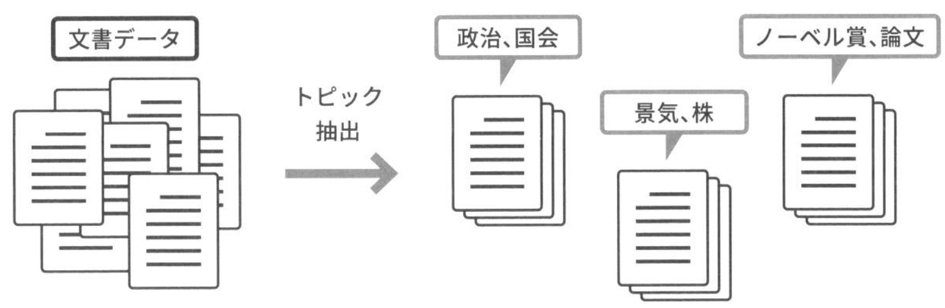

トピックモデルの代表的な手法に、特異点分解に基づく**LSI**（**Latent Semantic Index; 潜在的意味解析**）や、確率計算に基づく**LDA**（**Latent Dirichlet Allocation; 潜在的ディリクレ分配**）などがあります。

5-2-5 機械翻訳

ルールベース機械翻訳や統計的機械翻訳といった従来の手法機械翻訳は、ディープラーニングを使ったニューラル機械翻訳（Nural Machine Translation;NMT）に置き換わりつつあります。

ニューラル機械翻訳は従来型の翻訳手法に比べて精度が高いことと、幅広い言語の組み合わせに対応することが可能です。2016年にGoogleがニューラル機械翻訳サービスを発表し、その翻訳精度が従来に比べて劇的に向上したことが大きな話題となりました。

ニューラル機械翻訳はさまざまなモデルがありますが、その多くはエンコーダー・デコーダーモデルを採用しています。

エンコーダー・デコーダーモデルは、エンコーダーに入力したシーケンス（文章など）をデコーダーで解析することで別のシーケンスを生成するため、系列変換モデルとも呼ばれます。

Seq2Seq

2014年にGoogleが発表したSeq2Seqはエンコーダー・デコーダーモデルで、エンコーダーとデコーダーにLSTMなどの再帰層をもち合わせています。

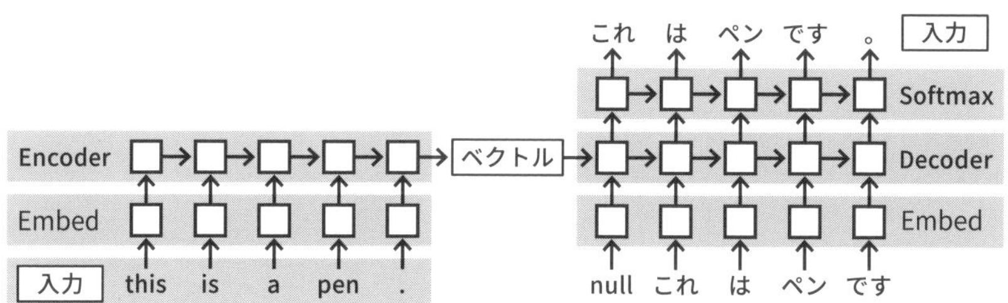

Seq2Seqによる機械翻訳では、対訳データをもとに学習していきます。

まず、入力データに翻訳をしたい文章を入力します。エンコーダーは入力されたデータを再帰的にベクトル化していき、ピリオドなどの文末記号を受け取ると、ベクトルデータをデコーダーに送信します。デコーダーは受け取ったベクトルから単語を順次予測していきます。出力された文字列と対訳データを比較することで誤差を計測してSeq2Seqのモデル内のパラメータを更新していきます。

Transformer

Transformerは2017年にGoogleが発表した自然言語処理のモデルで、従来から広く利用されてきた再帰型ニューラルネットワークベースのモデルのうち、リカレント層（再帰層）を**Multi Head-Attention**層に置き換えたものです。Multi Head-Attention層により並列計算を効率よく行うことができ、従来のモデルよりも高い精度を出すことが可能になりました。

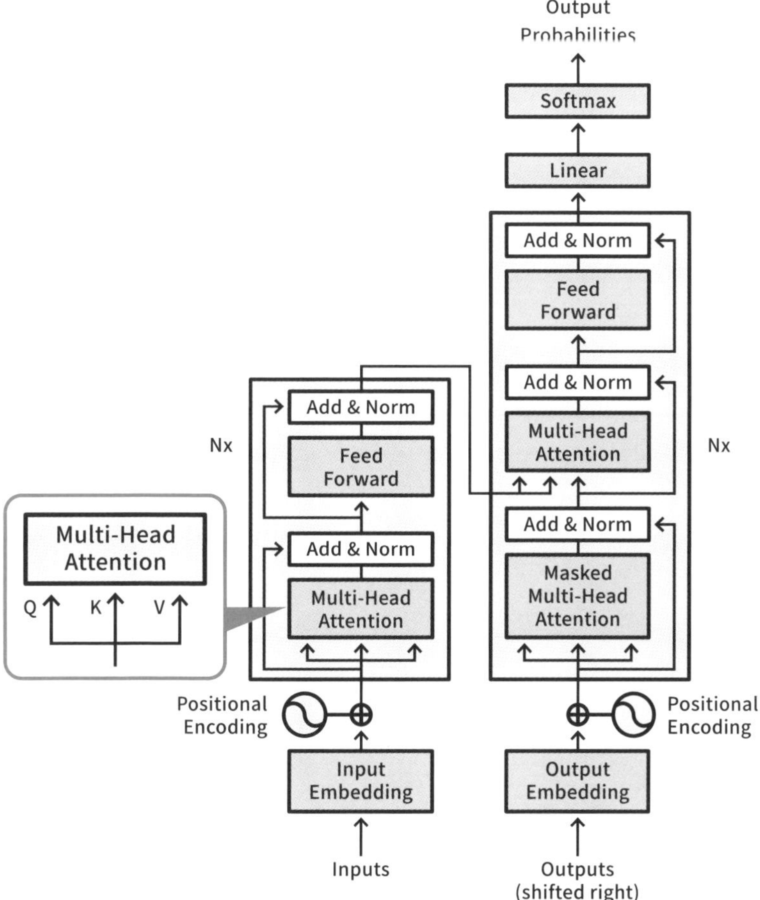

出典：Ashish Vaswani, Noam Shazeer, Niki Parmar, Jakob Uszkoreit, Llion Jones, Aidan N. Gomez, Lukasz Kaiser, Illia Polosukhin.(2017) . Attention Is All You Need,p.3,Fig.1を作図
（https://arxiv.org/pdf/1706.03762.pdf）

Multi Head-Attention層はAttention（注意機構）を並列処理させるために構成された階層で入力データの単語ごとに、Query、Key、Valueという3つの情報を受け取ります。これらの情報により単語同士の照応関係などを効率よく学習することが可能になります。

Googleは2018年にTransformerのテクノロジを使ったUniversal Sentence Encoder

（USE）という学習済エンコーダーモデルをTensorFlow Hubに公開しました。Universal Sentence Encoderは、リリース当初は英語のみのサポートでしたが、その後のリリースでは16ヵ国語をサポートしています。

5-2-6 キャプション生成

入力画像から、その画像についての説明文を出力することをキャプション生成と呼びます。

“A small boat in Ha-Long Bay.”

https://www.microsoft.com/en-us/research/wp-content/uploads/2016/06/ImageCaptionInWild-1.pdf

ボートが水面に浮いている画像から、“A small boat in Ha-Long Bay.”（ハロン湾の小さなボート）というキャプション（説明文）が生成されていることがわかります。

メガネのように装着できるスマートグラスにキャプション生成と音声読み上げ機能を組み合わせた仕組みを実装することで、視力に問題のある方に対して、目の前で何が起きているのかをリアルタイムに通知できるようになります。

5-3 音声処理

▶▶ 確認問題

次の各文章を読んで、正しければ○、間違っていれば×をつけてください。

1. 音声認識で、音の波形から、大きさ、高さ、音色などの情報を定量化した音響特徴量を抽出する
2. 人間の音声を人工的につくり出すことを音声合成と呼ぶ

1.○　2.○

必ずマスター!

音声認識とは

音声認識では、音の大きさや高さなどの音響特徴量を抽出したり、母音や子音などの音素抽出などが行われる。

音声合成とは

音声合成とは人間の音声を人工的につくり出す技術であり、近年注目を集めているアルゴリズムは2016年DeepMind社が開発したWaveNetである。

5-3-1 概要

音声認識や音声合成などの技術は以前からありましたが、この分野でもディープラーニングの応用が進んでいます。

ディープラーニングを使った音声処理技術の進化に加えて、スマートスピーカーやスマートフォンなどの音声デバイスの普及に伴い、日常生活でも広く利用されるようになりました。

音声処理によって、音声で機械に命令を送るだけでなく、会議中の発表者と特定したり、会話音声から文字を起こして議事録を作成することもできるようになりました。

5-3-2 音声認識

音声認識とは、コンピュータにより音声データをテキストデータに変換する技術です。1960年代から研究が行われており、1990年代には音声認識を利用した製品が販売され始めました。当時の音声認識は隠れマルコフモデルによる統計的手法が広く使われていました。

統計的手法とは、大量に蓄積された音声の特徴データと、認識対象となる入力音声から抽出された特徴を比較しながら、最も近い言語系列を認識結果として出力する手法です。

2010年以降は、ディープラーニングを活用した音声認識を行うApple SiriやAmazon Alexa、Google Assistant、Microsoft Cortanaなど、さまざまサービスが登場し、日常生活でも広く音声認識サービスが利用されるようになりました。

音声認識では、音の波形から、大きさ、高さ、音色などの情報を定量化した**音響特徴量**を抽出したり、母音や子音などの**音素**を抽出する処理が行われます。

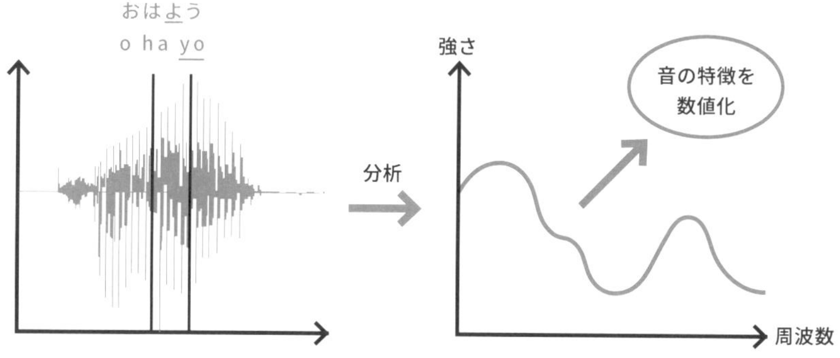

従来の手法では、音響特徴量を抽出した後に、音響モデルや言語モデルを用いて、あらかじめ用意しておいた大量のサンプルデータとマッチングを行いながら予測を行います。

音響モデル

音素と音素のもつ特徴量を統計的なモデルで表したものをいいます。

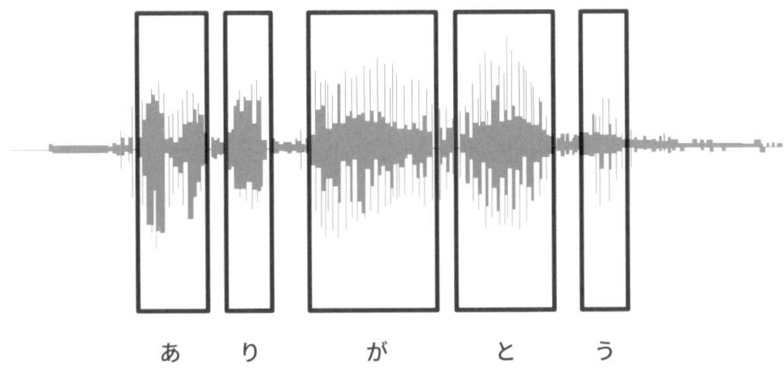

言語モデル

単語や文法の違いなどを統計的に表現したモデルのことをいいます。

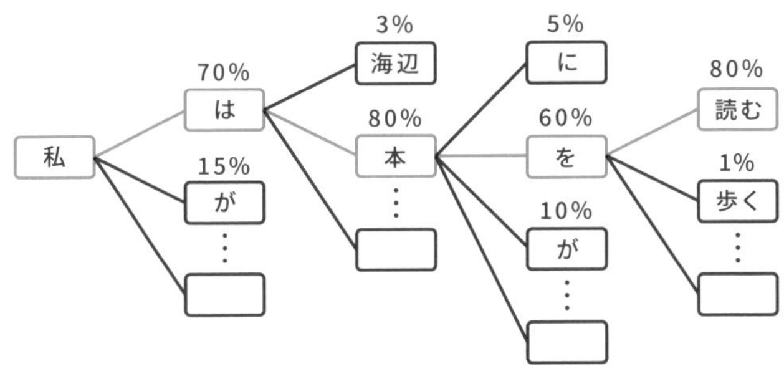

ディープラーニングによる手法では、音響モデルと言語モデルの処理をニューラルネットワークに置き換えて分析を行います。

5-3-3 音声合成

人間の音声を人工的につくり出すことを音声合成といいます。テキストデータをもとに音声を合成することが多いため、TTS（Text-To-Speech）と呼ばれることもあります。

音声合成の領域でもディープラーニングの活用が進んでおり、従来のような無機質な棒読みではなく、発音時の抑揚や感情表現といった特徴を再現することができるようになってきています。

とくに注目を集めているアルゴリズムが2016年にGoogle傘下のDeepMind社が発表したWaveNetです。

WaveNetは複数の言語をサポートしており、言語にかかわらず、従来の手法より高い品質で人間の発話にも迫るレベルになっています。

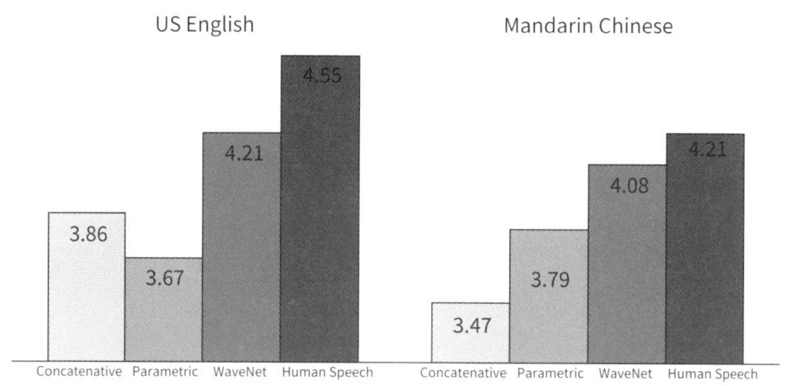

出典：WaveNetとその他の合成音声（最終閲覧日：2020年8月3日）
（https://cloud.google.com/text-to-speech/docs/wavenet）

WaveNetはスマートスピーカーのGoogle HomeやGoogleのクラウドサービスであるCloud Text-to-Speechで利用されています。

Google Cloud Text-to-Speech

5-4 深層強化学習

深層強化学習とはディープラーニングを用いた強化学習で、2013年にDeepMind社が開発したDQN（Deep Q Network）をきっかけとして研究が盛んになった分野の1つです。

▶▶ 確認問題

次の各文章を読んで、正しければ〇、間違っていれば×をつけてください。

1. DQNは、Q学習にLSTMを組み合わせたモデルである
2. 2017年に開発されたAlphaGoは、自己対局のみで学習できる
3. AlphaStarはLSTMやTransformer、ResNetなど、さまざまな手法を組み合わせたマルチエージェント型学習アルゴリズムである

1.×　2.×　3.〇

ここは 必ずマスター！

DQNとは

DQNとは従来の強化学習の手法であったQ学習に、CNNを組み合わせた強化学習である。

AlphaGoとは

2015年にDeepMind社によって開発された、AlphaGoという囲碁プログラムである。何度かのバージョンアップにより、AlphaGo→AlphaGoZero→AlphaZeroと進化を遂げている。

AlphaStarとは

AlphaStarはDeepMindが2019年に開発したアルゴリズムである。AlphaStarはLSTMやTransformer、ResNetなど、さまざまな手法を組み合わせたマルチエージェント型学習アルゴリズムとなっている。

5-4-1 DQN

DQNは、Q学習にCNN（畳み込みニューラルネットワーク）を組み合わせたモデルです。

ATARI社のレトロゲームを使い、ゲームのルールを教えなくても、DQN自身がどのように操作すれば高得点を目指すことができるのかを判断することができ、ブロック崩しゲームでは400回プレイするとボールのとりこぼしがなくなり、600回プレイすることで次々と高得点を得るための攻略法を学習していきました。

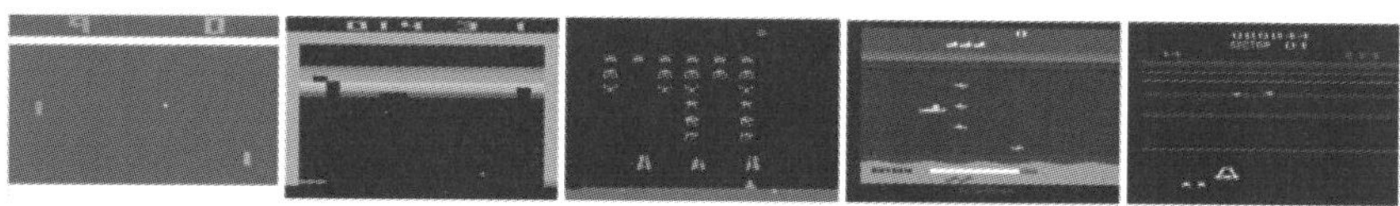

出典：Volodymyr Mnih, Koray Kavukcuoglu, David Silver, Alex Graves, Ioannis Antonoglou, Daan Wierstra, Martin Riedmiller.(2013). Playing Atari with Deep Reinforcement Learning,p.2,Figure1
（https://arxiv.org/pdf/1312.5602.pdf）

5-4-2 AlphaGo

2015年にDeepMind社によって開発された、**AlphaGo**という囲碁プログラムは、プロ棋士とハンディキャップ無しで対局して勝利した世界初のプログラムとして注目を集めました。AlphaGoもDQNと同様にCNNを使ってエージェントの状態や行動の評価を行い、次の打ち手を選択にはモンテカルロ木探索（Monte Carlo Tree Search; MCTS）という試行錯誤的な探索アルゴリズムを使用しています。

AlphaGoは2015年リリースされてから、いくつかのバージョンアップが行われています。

2017年に開発された4代目のバージョンである**AlphaGo Zero**は、それまでのモデルと異なり棋譜などのビッグデータが不要で、自己対局のみでスキルアップを図ることができるようになりました。AlphaGo Zeroのリリースから3ヵ月後には、5代目となる**AlphaZero**が開発されました。AlphaZeroは、AlphaGo Zeroのアルゴリズムをチェスと将棋にも応用させ、2時間で将棋、4時間でチェスの最高峰のAIに勝利し、AlphaGo Zeroも8時間で上回ったといわれています。

（Google社より提供）

5-4-3 AlphaStar

DeepMindは2019年にAlphaStarと呼ばれるアルゴリズムを開発しました。

AlphaStarはLSTMやTransformer、ResNetなど、さまざまな手法を組み合わせたマルチエージェント型学習アルゴリズムで、Star Craft IIというリアルタイムストラテジーゲームにおいて、人間のプレイヤーの上位0.2%にランクインするといった快挙を遂げています。

（Google社より提供）

AlphaStarは内部ネットワークの重みを更新するために、**アクタークリティック**（actor-critic）や**方策蒸留**（policy distillation）、**自己模倣学習**（self-imitation learning）、**イプシロン貪欲**（epsilon-greedy）と呼ばれる手法などを用いています。

5-5 その他の研究分野

▶▶ 確認問題

次の各文章を読んで、正しければ〇、間違っていれば×をつけてください。

1. オートエンコーダは正解ラベルが必要である
2. オートエンコーダは不良品検知やノイズ除去に応用することができる
3. GANはGeneratorと、Discriminatorと呼ばれる2種類のネットワークで構成されている

1.×　2.〇　3.〇

ここは 必ずマスター！

オートエンコーダとは

オートエンコーダは、教師なし学習の1つであり、出力結果が入力と同じ値になるように学習させたニューラルネットワークのモデルである。

GANとは

生成モデルとは、学習データと類似した新しいデータを生成するモデルであり、その一つにGANという手法がある。GANはGeneratorとDiscriminatorと呼ばれる2種類のネットワークで構成されている

5-5-1 自己符号化器（オートエンコーダ）

オートエンコーダは、一見すると隠れ層が1層のニューラルネットワークですが、学習時に入力データに対して正解ラベルは必要ありません。オートエンコーダは、出力結果が入力データと同じ値に近付けるようなニューラルネットワークモデルです。

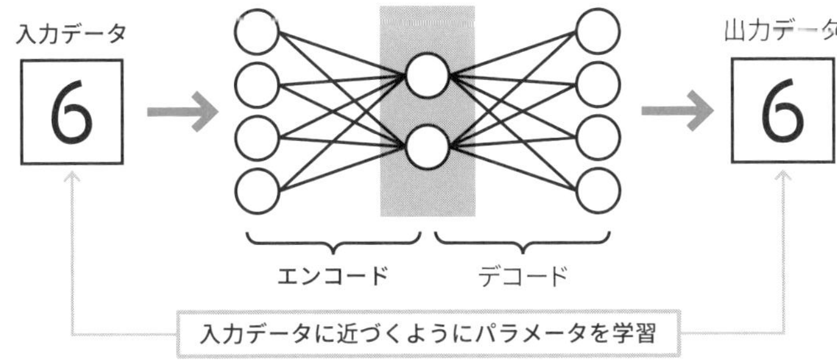

このモデルのポイントは、隠れ層のニューロン数が入力層のニューロン数より少ない事です。

入力〜出力で同じ値が返ってくるという事は、入力層⇒隠れ層で情報の圧縮を行い、隠れ層⇒出力層で情報の復元を行っています。情報をそぎ落として少ない次元に圧縮しても、元通りのデータに復元できるという事は、隠れ層には重要な情報のみが圧縮されているということになります。

この入力層から隠れ層の処理をエンコード、隠れ層から出力層の処理をデコードと呼びます。

この自己符号化器を用いることで、不良品検知やノイズ除去に応用することができます。また、隠れ層で圧縮しているため、次元削減としても利用する事ができます。

不良品検知

工場の製造ラインでは、製品の出荷基準を満たすための品質検査が行われますが、検査を行うための専用の測定器や各種センサーなどの設備が必要となります。

画像を判定する教師あり学習を使えば、事前に出荷基準を満たす場合とそうでない場合の画像データを大量に集めて、完成した製品を学習器にかけることによって、出荷可否を予測することができます。

しかし、基準を満たすもののデータは多く集まりますが、基準を満たさないもののデータは集まりにくいため、基準を満たさない不良品を正しく見抜くことが困難になります。

これに対して、自己符号化器では、出荷基準を満たすデータだけを大量に集めて、これらの特徴をしっかり認識させることで、完成した製品の特徴と自己符号化器が学習した特徴が一致すれば、出荷基準を満たすという判定を下すことができます。

ノイズ除去

自己符号化器によって画像や音声データに混入しているノイズを除去することができます。

ノイズ除去を行うには、ノイズのないデータの特徴とノイズが混ざっているデータの特徴をそれぞれ学習します。次に、ノイズが混ざっているデータの特徴からノイズのないデータの特徴を差し引くことで、ノイズ自体の特徴を得ることができます。

最後に、ノイズが混ざっているデータの特徴からノイズ自体の特徴を差し引くことで、データからノイズ成分を除去することができます。

このように自己符号化器によって、必要な情報だけを抽出することができるので主成分分析と同じような結果を得ることができます。自己符号化器は複数の階層を用いることで主成分分析では対応できない非線形な特徴の抽出や次元圧縮を行うことができます。

自己符号化器には、複数の階層をもつ積層自己符号化器（SAE）や、潜在変数に確率分布を組み込む変分自己符号化器（VAE）があります。

5-5-2 生成モデル

訓練データを学習し、それらのデータと類似した新しいデータを生成するモデルのことを生成モデルといいます。生成モデルにディープラーニングの考えを取り入れたモデルを深層生成モデルと呼びます。

代表的な生成モデルにVAE（変分自己符号化器）やGAN（敵対的生成ネットワーク）があります。

VAEは訓練データの分布と生成データの分布が一致するように学習していくモデルです。

5-5-3 GANの概要

GAN（Generative Adversarial Networks; 敵対的生成ネットワーク）はGenerator（生成ネットワーク）と、Discriminator（識別ネットワーク）と呼ばれる2種類のネットワークで構成されています。GANは、画像データなどで利用する事ができ、訓練データと似ている、オリジナルの画像を生成する事ができます。日本では、漫画家の手塚治虫氏の漫画内のキャラクターを訓練データとし、本人が描いたような漫画をAIにつくらせるというプロジェクトが行われています。

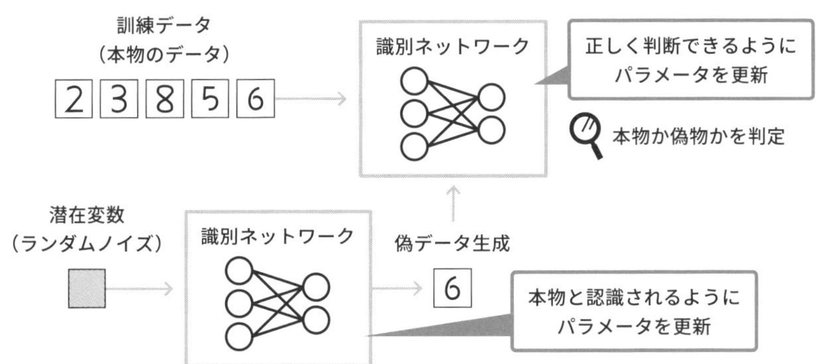

Generator

Generatorは潜在変数という値から、画像を生成させます。Generatorは、Discriminatorが「本物」と間違えて識別してしまうような画像を生成するように学習します。

Discriminator

Discriminatorは、画像を識別するモデルです。入力に通常の画像や、Generatorによって生成された画像を用いて、出力で本物か偽物（生成された画像）かを識別します。

GeneratorはDiscriminatorを騙すような画像生成ができるように学習し、反対にDiscriminatorは、騙されずに適切に分類できるように学習をします。相反する内容の学習を行うので、敵対的生成ネットワークと呼ばれています。

GANによって生成される画像は、潜在変数を使った演算ができます。

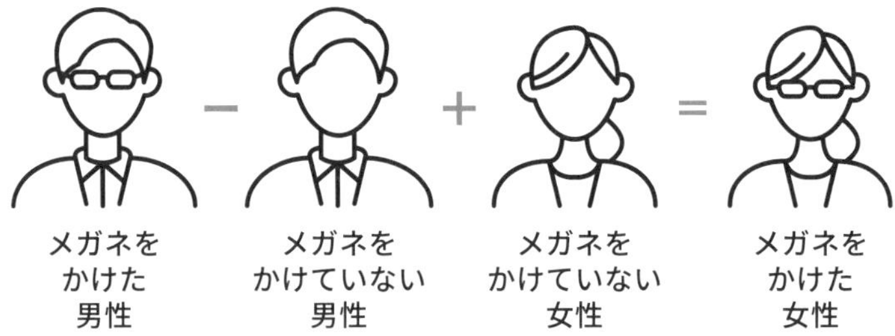

この例では、「眼鏡をかけた男性」－「眼鏡をかけていない男性」＋「眼鏡をかけていない女性」という計算を行うと、「眼鏡をかけた女性」という画像が生成されるイメージを表しています。

GANは2014年にヨシュア・ベンジオらによって提唱されました。

また、GANの派生形として、Generatorに畳み込みニューラルネットワークを用いたDCGANがあります。

DCGAN

GANの派生形として、Generatorに畳み込みニューラルネットワークを用いたDCGANがあります。

DCGANはDeep Convolutional GANの略称で、Generatorに複数の畳み込み層をもたせることで学習の安定化を図っています。

DCGANは2015年にアレク・ラッドフォードらによって開発されました。

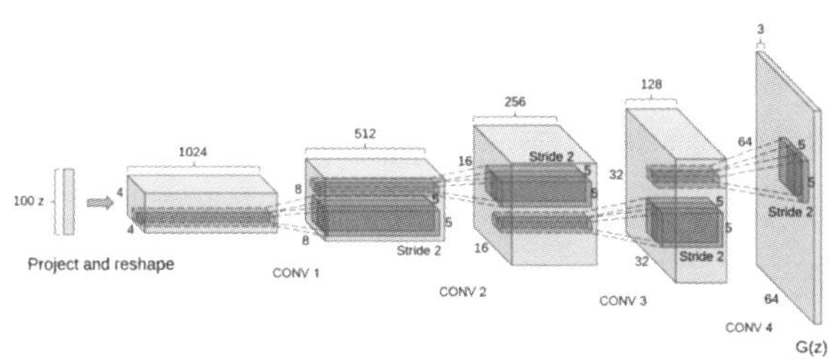

出典：Alec Radford, Luke Metz, Soumith Chintala.（2016）. Unsupervised Representation Learning with Deep Convolutional Generative Adversarial Networks,p.4,Figure1（https://arxiv.org/pdf/1511.06434v2.pdf）

▶▶ 章末問題

問題1 深層強化学習の説明として、最も適切なものを選べ。

1.強化学習の関数にディープラーニングを用いた手法である

2.DQNは、RNNの一種である

3.DQNは、Preferred Networks社により開発されたものである

4.DQNは、LSTMの一種である

問題2 強化学習において、行動価値関数の近似にCNNを用いた手法として最も適切なものを選べ。

1.ディープボルツマンマシン

2.ディープニューラルネットワーク

3.ディープオートエンコーダ

4.ディープQネットワーク

問題3 以下の文章を読み、空欄（ア）と（イ）にあてはまる選択肢を1つずつ選べ。

従来、音声認識の分野では、大量のデータを集めて（ア）などの統計的手法により、分析するものが一般的であった。

しかしながら、2016年にDeepMind社により発表されたニューラルネットワークのアルゴリズムの（イ）は従来に比べて高性能での音声合成に成功し、AIスピーカーが人間に近い自然な言語を話す事などに寄与している。

（ア）の選択肢

1.隠れマルコフモデル

2.ディープニューラルネットワーク

3.リカレントニューラルネットワーク

4.畳み込みニューラルネットワーク

（イ）の選択肢

1.DQN

2.AlexNet

3.WaveNet

4.ResNet

問題4 **GoogleNetに関する説明として、最も適切な選択肢を1つ選べ。**

1. インセプションモジュールから構成されるネットワークモデルである
2. スキップコネクションと呼ばれる層を飛び越えた結合を行っている
3. 2012年にILSVRCで優勝した手法である
4. 大きなサイズの畳み込みフィルタを差し込む工夫がされている

問題5 **キャプション生成と関連性が深いものとして、最も適切な選択肢を1つ選べ。**

1. 敵対的学習という手法を利用して、画像を生成する
2. ピクセル単位で物体領域を特定をする
3. 入力画像を説明する自然言語文を出力する
4. 文書に書かれている内容を要約する

問題6 **一般的に、文書は複数の文章から構成されており、文単体ではなく文章全体の意味を考慮する事が重要な意味をもつ場合も多い。それにかかわる「照応解析」の説明として最も適切な選択肢を1つ選べ。**

1. 代名詞などの表現が指す対象を推定する技術
2. 文と文との間の意味的な関係性を推定する技術
3. 文と文とが同一の意味をもっているかどうかを解析する技術
4. 文法に従って、文の句構造や係り受けを推定する技術

問題7 **一般的に、文書は複数の文章から構成されており、文単体ではなく文章全体の意味を考慮する事が重要な意味をもつ場合も多い。それにかかわる「談話構造解析」の説明として最も適切な選択肢を1つ選べ。**

1. 文法に従って、文の句構造や係り受けを推定する技術
2. 代名詞などの表現が指す対象を推定する技術
3. 文と文とが同一の意味をもっているかどうかを解析する技術
4. 文と文との間の意味的な関係性を推定する技術

問題8 次の文章を読み、空欄（ア）、（イ）に最もよく当てはまる選択肢を1つ選べ。

Word2Vecは、単語をベクトルとして表現する事により、単語の意味を表現しようとするモデルであり、（ア）スキップグラムと、（イ）CBOWの2つの手法がある。

（ア）と（イ）の選択肢

1. 重要単語の出現頻度から単語を予測する
2. 単語から周辺の単語を予測する
3. 単語の意味のもととなる互換だけを取り出して予測する
4 周辺の単語から中心に位置する単語を予測する

問題9 以下の文章を読み、空欄（ア）、（イ）にあてはまる選択肢を選べ。

2018年後半に発表され、複数の言語処理課題で人間の性能を超えたとして注目された（ア）というモデルがある。このモデル訓練にあたっては、事前訓練とファインチューニングが特徴である。この訓練時に用いられた方法は従来の手法とは異なり（イ）が特徴的である。

（ア）の選択肢

1.LSTM
2.Word2Vec
3.BERT
4.GoogleNet

（イ）の選択肢

1.負例サンプリングを用いた事
2.負の対数尤度を用いた事
3.L2正則化と組み合わせた事
4.文章中の任意の単語をランダムに欠落させたこと

問題10 セマンティックセグメンテーションに関する説明として、最も適切な選択肢を1つ選べ。

1. 物体の位置を矩形領域で特定する
2. ピクセル単位でクラス識別を行う
3. 画像に対する説明文を生成する
4. オリジナル画像を生成する

問題11 以下の文章を読み、空欄に最もよくあてはまる選択肢を1つ選べ。

自己符号化器は、出力が入力と同じものに近づくことを目指して学習する（ア）のアルゴリズムであり、（イ）が可能になる。このとき、（ウ）が入力の特徴を抽出した表現となる。

（ア）の選択肢

1. 教師あり学習
2. 教師なし学習
3. 強化学習
4. マルチタスク学習

（イ）の選択肢

1. 誤差逆伝播法
2. 勾配降下法
3. 次元削減
4. 欠損値の処理

（ウ）の選択肢

1. 入力層
2. 隠れ層
3. 出力層

問題12 以下の文章を読み、空欄に最もよくあてはまる選択肢を1つ選べ。

GANは次の2個のネットワークから構成される。(ア)と呼ばれる画像を生成するネットワークと、(イ) と呼ばれる画像が本物か (ア) によって生成された偽物かを予測するネットワークである。

(ア) の選択肢

1.Generator
2.Encoder
3.Supplier
4.Driver

(イ) の選択肢

1.Operator
2.Discriminator
3.Optimizer
4.Decoder

問題13 **以下の文章を読み、空欄に最もよくあてはまる選択肢を選べ。**

文章中に書かれているテーマを抽出するための手法として、トピックモデルが利用されている。代表的な手法として、文章中のトピックを潜在変数としてモデル化した（ア）やテキストデータに特異値分解を適用した（イ）が知られている。

（ア）の選択肢

1.LDA
2.Word2Vec
3.TF-IDF
4.n-gram

（イ）の選択肢

1.LSI
2.PCA
3.HMM
4.SVM

解答と解説

問題1　正答 1

深層強化学習は、行動価値関数Qの推定にディープラーニングを用いた手法であり、DQNは、DeepMind社が開発した手法である。DQNはアルゴリズムの中にCNNを利用しており、RNNやLSTMとは関連がない。

問題2　正答 4

選択肢1~3は、強化学習とは関連性のない機械学習の手法である。

問題3　正答（ア）…1、（イ）…3

（ア）の解説

統計的手法とは、大量に蓄積された音声の特徴データと、認識対象となる入力音声から抽出された特徴を比較しながら、最も近い言語系列を認識結果として出力する手法である。1以外の選択肢は、ディープラーニングに関する手法である。

（イ）の解説

WaveNetは2016年にGoogle参加のDeepMind社によって発表された。WaveNetは複数の言語をサポートしており、言語にかかわらず、従来の手法より高い品質で人間の発話にも迫るレベルになっている。

問題4　正答 1

選択肢1は、GoogleNetに関する説明である。

選択肢2は、ResNetに関する説明である。

選択肢3は、AlexNetに関する説明である。

問題5　正答 3

選択肢1は、GANの説明である。

選択肢2は、セマンティックセグメンテーションの説明である。

選択肢3は、キャプション生成の説明である。

選択肢4は、文章要約の説明である。

問題6　**正答 1**

選択肢1は、照応解析に関する説明である。

選択肢2は、談話構造解析に関する説明である。

選択肢3は、含意関係解析に関する説明である。

選択肢4は、構文解析に関する説明である。

問題7　**正答 4**

選択肢1は、構文解析に関する説明である。

選択肢2は、照応解析に関する説明である。

選択肢3は、含意関係解析に関する説明である。

選択肢4は、談話構造解析に関する説明である。

問題8　**正答（ア）…2、（イ）…4**

どちらも、単語を数値ベクトルで表現するための手法であり、大量の文章データを元に、1つの単語からその周辺に出現しやすい単語を予測するモデルをつくる手法をスキップグラム、反対に、周辺単語から特定の単語を予測するモデルをCBOWと呼ぶ。事前に作成済のこれらのモデルを利用することにより、単語をベクトル化する事ができる。

問題9　**正答（ア）…3、（イ）…4**

BERTは2018年にGoogleによって開発され、文書における単語の並びから、ほかの文書の単語の並びを予測する。モデルの訓練に、入力データの一部をマスクトークンと呼ばれる情報にランダムに置き換えて、文章を穴埋め問題のように制約をかけながら学習を行うことで予測性能の向上を図っていることが、従来の手法との違いである。

問題10　**正答 2**

選択肢1は、物体検出に関する説明である。

選択肢2は、セマンティックセグメンテーションに関する説明である。

選択肢3は、キャプション生成に関する説明である。

選択肢4は、GANに関する説明である。

問題11　正答（ア）…2、（イ）…3、（ウ）…2

自己符号化器は正解ラベルを入力データと同じデータにすることで、入力〜出力の過程で、圧縮〜復元を行う。そのため、隠れ層のニューロン数が少ないように層を設定することで、次元削減と同等の効果がある。

問題12　正答（ア）…1、（イ）…2

画像生成ネットワークのGeneratorと、画像の真偽を判別するネットワークのDiscriminatorの2つを組み合わせたのがGANである。Discriminatorは、本物の画像か、Generatorによって生成された画像かを判断するモデルである。GeneratorはDiscriminatorを騙せるような高精度な画像を生成できるように学習している。

問題13　正答（ア）…1、（イ）…1

（ア）の解説

選択肢2は、単語から数値ベクトル化する手法である。

選択肢3は、単語を文書の出現度から重みづけする手法である。

選択肢4は、文章からn文字ずつ抜き出す手法である。

(イ)の解説

選択肢2は、主成分分析の略称である。

選択肢3は、隠れマルコフモデルの略称である。

選択肢4は、サポートベクターマシンの略称である。

ディープラーニングの利用と実装

6-1 教師あり学習と汎化性能

▶▶ 確認問題

次の各文章を読んで、正しければ○、間違っていれば×をつけてください。

1. 学習に利用していない未知データでの予測性能を汎化性能と呼ぶ
2. ホールドアウト法は、データを3分割以上に分割することができる
3. 汎化誤差は、バイアスとバリアンスとノイズに分割することができる

1.○　2.×　3.○

必ずマスター!

ホールドアウト法とは

ホールドアウト法は、データを学習に利用する訓練データと、予測性能の確認に利用する検証データに分割する方法である。一般的に全データの7割~8割ほどを訓練データとして利用する。

k-分割交差検証とは

k-分割交差検証とは、全データをk個に分割し、訓練データをk-1ブロック分、検証データを残った1ブロック分利用して、計k回の学習を行う方法である。データ数が少ない場合、ホールドアウト法より有効な方法だが、学習に時間がかかる。

汎化誤差とは

汎化誤差とは未知データを使って予測したときの誤差を表し、汎化誤差を小さくすることが汎化性能を高めることにつながる。汎化誤差はバイアス、バリアンス、ノイズの3つの要素に分けることができる。

6-1-1 汎化性能と交差検証

教師あり学習は、事前に与えられた正解ラベルを含む訓練データを使って、適切な予測値が出力されるように学習する手法ですが、予測モデルの構築が完了したあとは、訓練データではなく、未知のデータに対して予測を行う必要があります。

訓練データを使ってモデル内のパラメータが調整されるため、これらのデータを使った予測精度が高くなるのは当たり前です。

このため、モデルの性能を評価する際には、訓練データによるものではなく、未知のデータを使って性能評価を行う必要があります。このような未知のデータに対する予測性能を、訓練データに特化していない汎用化された性能という意味合いから、汎化性能と呼びます。

汎化性能を評価するためには、未知のデータが必要になりますが、モデルの構築時には手元にある訓練データから疑似的に未知のデータをつくり出すことが一般的です。

学習に使用するデータを訓練データと呼ぶのに対して、モデルの評価を行うために使用するデータをテストデータや検証データと呼び、これらの2つを使用して評価することを交差検証といいます。

交差検証によって、運用時に予測モデルが示す汎化性能を見積もることができます。

6-1-2 ホールドアウト検証とk-分割交差検証

交差検証にはホールドアウト検証とk-分割交差検証があります。

ホールドアウト検証

ホールドアウト検証は、検証用のデータを固定して検証を行います。

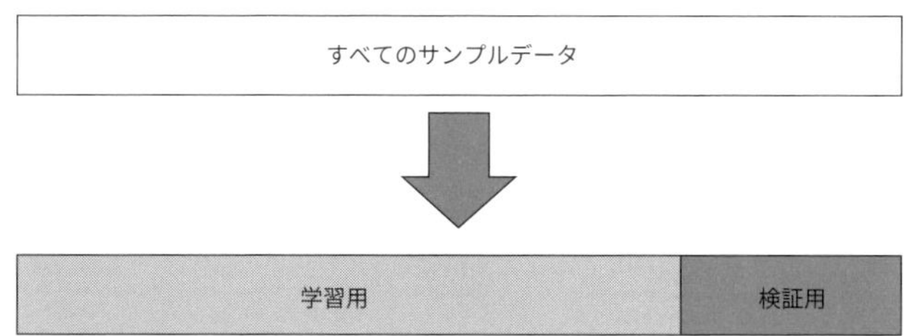

一般的には、学習に使用するサンプルデータの7割を訓練用、3割を検証用に使用し、何度も評価を行います。

なお、検証データは学習には用いられないため、検証データの特徴を学習することができません。とくにサンプルデータが少ない場合は、さらにデータが少なくなってしまいます。

k-分割交差検証

k-分割交差検証では、評価のたびに検証データを切り替えて検証を行います。

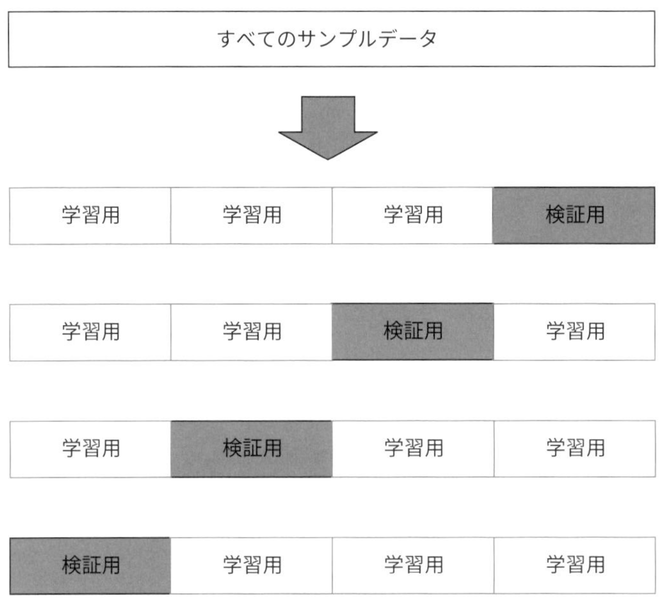

k-分割交差検証では、全データをランダムにk個に分割します。（kは3以上の整数）

分割されたデータの1つを検証用、残りを学習用データとします。

また、検証のたびに学習データと検証データのペアを変えて処理が行われ、最終的にはそれぞれの平均値を検証結果として使用します。

このように、k-分割交差検証はすべてのデータの特徴を捉えることができるため、サンプルデータが少ない場合に有効な手法です。

6-1-3 汎化誤差

汎化誤差とは未知データを使って予測したときの誤差を表し、汎化誤差を小さくすることが汎化性能を高めることにつながります。汎化誤差はバイアス、バリアンス、ノイズの3つの要素に分けることができます。

バイアス

バイアスは学習データと平均予測値のずれの度合いを表します。

予測モデルが単純すぎる（バイアスが高い）と、訓練データの特徴を十分に捉えることができず、学習不足（Under fitting；アンダーフィッティング）に陥ってしまい、汎化誤差が高くなってしまいます。

バリアンス

バリアンスは予測モデルの複雑さを表します。

予測モデルが複雑すぎる（バリアンスが高い）と、訓練データに対して過剰に適合しやすくなり、過学習（Over fitting；オーバーフィッティング）に陥ってしまい、汎化誤差が高くなってしまいます。

バイアスとバリアンスはどちらかが高くなると他方が低くなるというトレードオフの関係にあります。

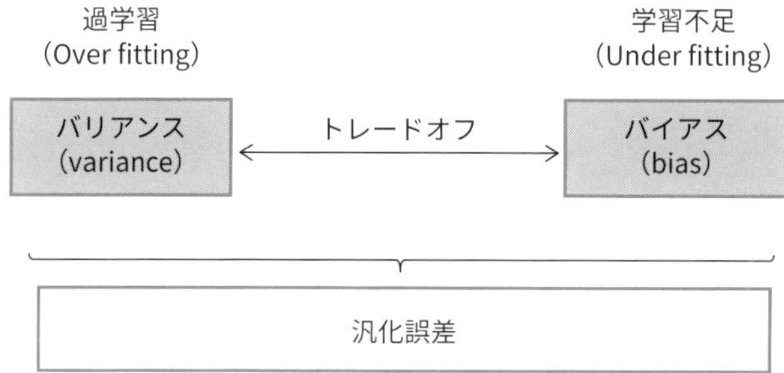

バイアスとバリアンスの関係を表したモデルを3つ図解します（次ページ図、参照）。

最初の図はバイアスが高くバリアンスが低いモデルです（×印は実測値で線が予測値を表しています）。

予測値と実測値が近いものもあれば、遠いものも見受けられます。このように予測値に偏りがあることからバイアスという言葉が使われており、バイアスが高いという状態は予測値にばらつきが多く散見されるという状態になります。

またバリアンスが低いため、簡素なモデルであることがわかります。一般に高バイアス・低バリアンスのモデルは学習データの特徴を捉え切れていない未学習の状態となります。

高バイアス・低バリアンス

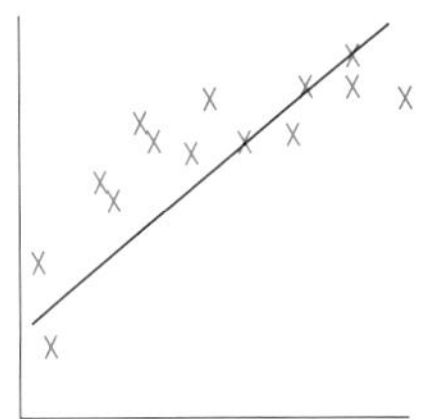

次のモデルは、バイアスが低く、バリアンスが高いモデルです。

予測値と実測値のずれが少なく、モデルが複雑であることがわかります。このようなモデルは学習データの特徴を過剰に捉えすぎる傾向があり、過学習状態に陥りやすくなります。

低バイアス・高バリアンス

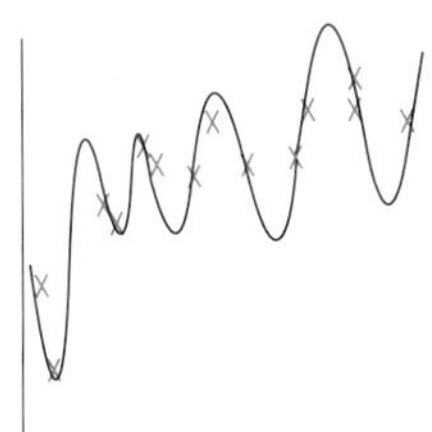

最後のモデルはバイアス、バリアンスのバランスが良く、ちょうどよい予測ができています。

バランスの良いモデル

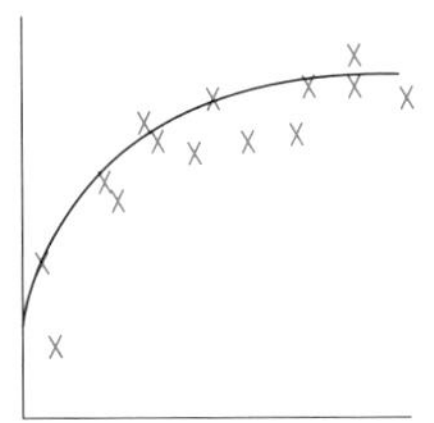

このようにバイアスとバリアンスのバランスが取れるようにモデルを調整していきます。

ノイズ

学習データ自体に不要なデータが混ざっている場合にノイズが大きくなり、汎化性能に影響を及ぼします。

ノイズはどうやっても減らすことができない誤差の値で、これが残ってしまうことは仕方がありません。

6-2 予測モデルの性能評価法

▶▶ 確認問題

次の各文章を読んで、正しければ〇、間違っていれば×をつけてください。

1. RMSEとMSEは値が小さいほど、予測性能が良いことを表す
2. 再現率は実際に陽性であったもののうち、陽性であると予測した割合である
3. AICは、値が大きいほど良いモデルと解釈できる

1.〇　2.〇　3.×

ここは 必ずマスター!

回帰の予測性能

回帰の予測性能には、MSEやRMSEなどがある。どちらの指標も値が小さくなれば予測性能は高い

分類の予測性能分類の予測性能

分類の予測性能には、正解率、適合率、再現率、f1値などがある。それぞれの指標の解釈の仕方は異なるので、ケースバイケースで使い分ける必要がある

AICとは

AICは訓練データを元に作成したモデルと真のモデルとの間にどのくらい乖離具合が生じているかを表す指標であり、作成したモデルの訓練データでの予測性能が高いとAICは低くなるが、訓練データの説明変数が多いとAICは大きくなる。

6-2-1 概要

教師あり学習は訓練データに正解ラベルがあるため、予測モデルが出力した予測値と正解を比較することで、予測が正しかったのか、間違っていたのかを判断することができます。

また、予測値の正誤にかかわらず、正解とどのくらいの乖離があったのかということも誤差関数によって計算することができます。

予測モデルの性能評価は、いくつかの手法があり目的に応じて評価指標を使い分けます。

6-2-2 回帰モデルの性能評価

回帰モデルでは一般的に、平均二乗誤差（MSE）という指標でモデルの予測性能を評価します。

次のような、1つの入力データに対して、予測結果を返すモデルがあったとします。

入力X	答えt
1	4
4	11
7	19

この学習済の予測モデルに対して、入力データを与えて予測させてあげましょう。

予測の値と実際の答えの値を比較することによって、予測性能の指標を計算します。

平均二乗誤差（MSE）

平均二乗誤差を計算するためには、答えデータと予測データの差分をそれぞれ計算し、その2乗値を算出します。

答え	4	11	19
予測	5	9	20
答え－予測	4 – 5= –1	11 – 9 = 2	19 – 20 = –1
差分の2乗	$(-1)^2 = +1$	$(+2)^2 = 4$	$(-1)^2 = +1$

この差分の2乗の値の平均値が平均二乗誤差です。

$$
\begin{aligned}
\mathrm{MSE} &= \frac{1+4+1}{3} \\
&= 2
\end{aligned}
$$

RMSE

MSEは予測と答えの差分を2乗しているため、結果の解釈がしづらいというデメリットがあります。そこで、MSEの平方根を取ったRMSEという指標があります。

$$\text{RMSE} = \sqrt{MSE} = \sqrt{2} \fallingdotseq 1.41$$

よって、上記モデルは平均して1.4ほど実際の値からズレが生じることがわかります。

ほかにも、予測と実際の差分を2乗するのではなく、絶対値を取って平均するMAE（平均絶対誤差）などもあります。

これらの指標は、予測の誤差を具体的に評価できる反面、データの単位が明確であり、データに対する専門知識がある程度ないとその誤差が許せる範囲の誤差なのかどうかを評価する事ができません。それに対して、決定係数という指標を利用することによりデータの単位などが明らかではなくとも予測性能を判断する事ができます。

決定係数は次の性質をもちます。

・値は0～1の範囲になる
・値が大きいほど、データの当てはまりが良い

6-2-3 分類モデルの性能評価

分類モデルでは予測結果と実際の正解をもとに混同行列を作成し、これらの情報をつかって、モデルの予測性能を評価します。

混同行列は縦軸に予測値をとり、横軸に正解を取ります。

2値分類の混同行列

		予測値	
		Positive	Negative
正解	Positive	TP （True Positive；真陽性）	FN （False Negative；偽陰性）
	Negative	FP （False Positive；偽陽性）	TN （True Negative；真陰性）

予測値と正解が交差するマス目には、真陽性、偽陽性、真陰性、偽陰性が入ります。

真陽性(TP)

陽性だと予測したものに対して、正解が陽性だったものの数を表します。つまり予測値は正しかったということになります。

偽陽性(FP)

陽性だと予測したものに対して、正解が陰性だったものの数を表します。つまり予測値は間違っていたということになります。

真陰性(TN)

陰性だと予測したものに対して、正解が陰性だったものの数を表します。つまり予測値は正しかったということになります。

偽陰性(FN)

陰性だと予測したものに対して、正解が陽性だったものの数を表します。つまり予測値は間違っていたということになります。

では、インフルエンザに罹患しているかどうかを簡易的に予測する病理判定モデルを例に考えてみましょう。

予測モデルを構築するにあたり、医療機関から1000人分のサンプルデータを入手しました。入手したデータには、1000人のうち、インフルエンザに罹患していた人が100人含まれているとします。

このデータを予測モデルにかけた結果で混同行列を作成してみます。

	予測値	
正解	TP：60	FN：40
	FP：10	TN：890

この例では、真陽性（インフルエンザに罹患しているとう予測に対して、実際に罹患していた人数；TP）が60で、真陰性（インフルエンザに罹患していない予測に対して、実際に罹患していなかった人数；TN）が890となりました。

これらの情報をもとに、次のような評価指標を利用することができます。

正解率（Accuracy）

正解率は全サンプルのうち、正解となった予測値の割合を表します。

混同行列の真陽性と真陰性の合計が正解数ですので、95％ $\left(\frac{950}{1000}\right)$ が正解率となります。

	予測値	
正解	TP：60	FN：40
	FP：10	TN：890

$$\text{正解率} = \frac{TP + TN}{TP + FP + FN + TN}$$

正解率は、サンプルデータに含まれる陽性と陰性の割合が同程度であれば性能指標としては有用です。

再現率（Recall）

再現率は実際に陽性であったもののうち、陽性であると予測した割合です。

このサンプルデータは1000件のうち100件がインフルエンザに罹患しているというデータが含まれています。このため、100件の陽性データのうち、陽性だと予測した割合を考えてみましょう。

再現率は $\frac{TP}{TP + FN}$ で算出することができます。

	予測値	
正解	TP：60	FN：40
	FP：10	TN：890

この例では、再現率は60% $\left(\frac{60}{60+40}\right)$ となります。

つまりインフルエンザに罹患していると予測して、実際に罹患していた割合が60%であるということになりますが、逆に言うと40%はインフルエンザには罹患していないと予測したが、実際には罹患していたということになります。

インフルエンザの罹患が正しく見抜けない場合、40%の受診者は、自分がインフルエンザに罹患しているとは思わないため、通常どおり会社や学校に行くことになり、知らないうちに周囲にウイルスをまき散らしてしまう恐れがあります。

このように病理判定では、正解率よりも再現率を意識する必要があります。

適合率（Precision）

適合率は陽性であると予測したもののうち、実際に陽性であったものの割合です。

今度は、別のケースで考えてみたいと思います。

たとえば、犯罪歴や年齢などから、再犯率を予測するモデルを構築しているとします。

モデルの構築にあたり警察機関から1000件のサンプルデータを入手し、実際の再犯者が100人含まれていたとします。これらのデータをもとに混同行列を作成すると次のようになりました。

	予測値	
正解	TP：60	FN：10
	FP：40	TN：890

これらの結果から適合率を考えてみましょう。

適合率は $\frac{TP}{TP+FP}$ で算出することができます。

	予測値	
正解	TP：60	FN：10
	FP：40	TN：890

このケースでは、適合率は60% $\left(\frac{60}{60+40}\right)$ となり、再犯する可能性のある人を60%見抜くことができます。しかし40%の人は再犯者ではないため、犯罪が起きたときに、これらのモデルを使って、容疑者を逮捕してしまうと、誤認逮捕となり人権問題に発展する可能

1章 2章 3章 4章 5章 6章 7章

性があります。

このように、課題によっては正解率ではなく、再現率や適合率を性能指標として使い分ける必要があります。

F値

F値は再現率と適合率の調和平均により、予測モデルの総合的な尺度を図るための指標です。

再現率と適合率はトレードオフの関係にあるため、どちらかの精度を高めると、他方の精度が下がってしまいます。

F値は $\frac{2(\text{Recall} \times \text{Precision})}{\text{Recall}+\text{Precision}}$ で算出することができ、計算結果は0から1の範囲の数字になり、1に近いほどバランスのよいモデルということになります。

6-2-4 その他　評価指標（AIC、BIC）

これまでは、回帰用の指標や、分類用の指標について紹介してきましたが、どちらにも適応する事ができる指標にAIC（赤池情報量基準）という指標があります。AICは訓練データを元に作成したモデルと真のモデルとの間に、どの程度乖離が生じているかを表す指標です。

作成したモデルの訓練データでの予測性能が高いとAICは低くなりますが、訓練データの説明変数が多いとAICは大きくなります。一般的にAICが小さいモデルが良いモデルと考えられます。

AICは次の計算式で求めることができます。

$$\text{AIC} = -2\{(\text{最大対数尤度}) - (\text{最尤推定したパラメータ数})\}$$

また、AIC以外にもBIC（ベイジアン情報基準）という指標もあります。

6-3 予測モデルの性能向上法

▶▶確認問題

次の各文章を読んで、正しければ○、間違っていれば×をつけてください。

1. 過学習とは、訓練データでの予測性能は低いが、検証データでの予測性能は高い状態を表す
2. データ拡張は、どんな画像でも有効な手法である
3. L2正則化を取り入れた回帰手法をリッジ回帰と呼ぶ

1.×　2.×　3.○

ここは▶必ずマスター！

過学習とは

過学習とは訓練誤差が小さいが、汎化誤差が大きくなってしまう状態を表す。

データの拡張

画像データは、元の画像を回転させたりサイズ変更、コントラストを調整するなどしてデータ件数を増やすことができる。

正則化

正則化は過学習を抑える手法であり、L1正則化とL2正則化の２種類がある。L1正則化を利用した回帰分析をラッソ回帰、L2正則化を利用したものをリッジ回帰と呼ぶ。

6-3-1 過学習

予測モデルの性能評価を行うにあたり、過学習に陥っていないかを確認する必要があります。

過学習とは、**訓練データでの予測性能は高いが、検証データでの予測性能は低くなっているという状態**を表します。

予測モデルは、訓練データからのみ特徴を学習するので、何度も同じ訓練データを使って学習を進めると、既知のデータを最適化しすぎて、未知のデータへの汎用性が失われてしまいます。ニューラルネットワークは隠れ層や階層内のユニットを増やすことで、モデルが複

雑になりやすく、過学習が起きやすい手法といわれています。

また、サンプルデータが少ない場合にも過学習になりやすい傾向があります。

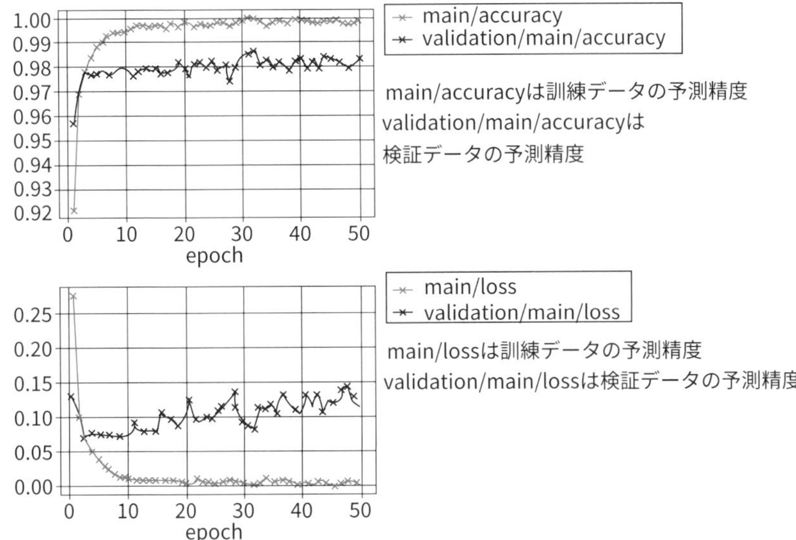

上図：予測精度の推移、下図：予測誤差の推移

学習回数を重ねるごとに予測モデル内のパラメータが最適化されるため予測精度は向上していきます。しかし、ある程度学習を進めると、訓練データの予測精度は向上するが、検証データの精度がある時期を境に下がってしまう傾向があります。

これは、パラメータが訓練データに対して過度に最適化されてしまう、過学習状態であることを表しています。

過学習を緩和させるために、さまざまな手法が提唱されています。

よく行われる過学習の対策としては、次のものがあります。

- 早期打ち切り
- データの拡張
- アンサンブル学習
- 正規化
- ドロップアウト
- 正則化

6-3-2 早期打ち切り（Early Stopping）

過学習になる前に、学習を打ち切ってしまう手法を早期打ち切りといいます。

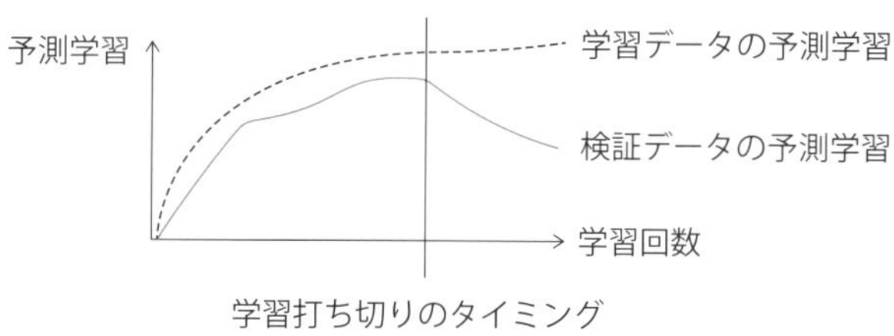

6-3-3 データの拡張

過学習を緩和させるためには、サンプルデータを増やすというアプローチがあります。

サンプルデータが簡単に入手できれば問題ありませんが、追加でデータを入手できないこともあります。このような場合は、元のデータの一部を加工することで疑似的にデータを増やします。

疑似的にデータを増やすことをデータ拡張やデータの水増しといいます。

画像データは、元の画像を回転させたりサイズ変更、コントラストを調整するなどしてデータ拡張を行います。

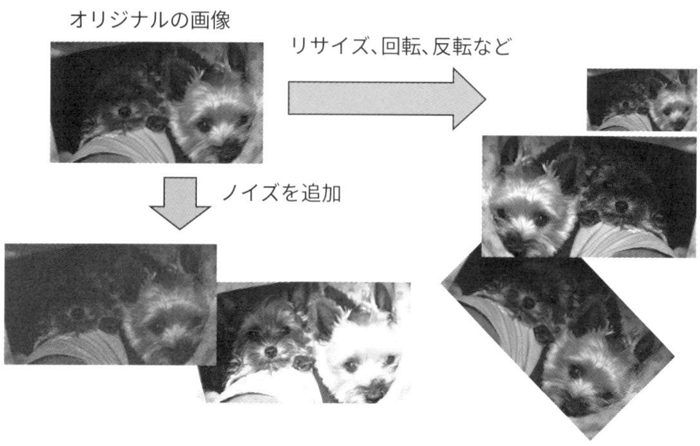

データ拡張を行う際には、データを加工することで、元のデータの意味が変わってしまわないように注意しましょう。たとえば、数字の6や、「いいね」に代表されるような親指を上げているような画像を上下反転させると、まったく意味の異なる画像となってしまいます。

6-3-4 アンサンブル学習

アンサンブル学習とは、複数の予測モデルを組み合わせて学習させ、各モデルの出力から、最終的な予測値を導き出す手法です。

アンサンブル学習は「バギング」と「ブースティング」に分けることができます。

バギング

全データの中から、一部のデータをランダムでサンプリングし、並列的に複数個のモデルを作成して学習させます。ランダムフォレストは、決定木を利用したバギングということができます。

予測は、分類の場合だと各モデルで多数決を行い、回帰モデルの場合は各モデル平均値を計算します。

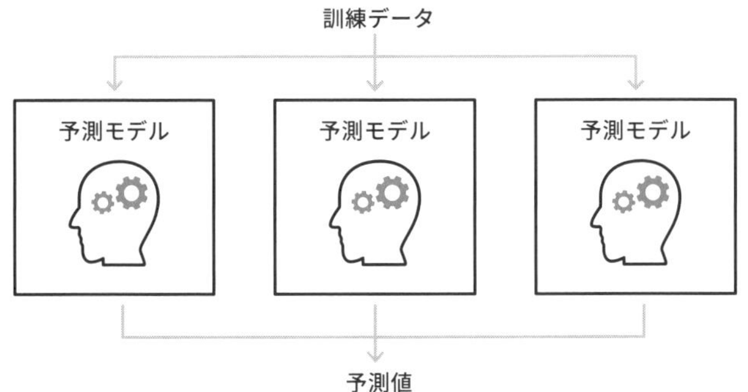

ブースティング

ブースティングでは、まず1つ目のモデルを学習させます。次につくるモデルは、そこで誤認識してしまったデータに重み（ペナルティ）をつけて、間違わないように優先的に正しく分類できるように学習させます。このように、順次前のモデルで誤分類してしまったデータに対して重みをつけて、次のモデルでは間違わないように学習していきます。ブースティングを利用した手法では、AdaBoostや勾配ブースティングが有名です。また勾配ブースティングを高速処理できるようにC++で開発したXGBoostも広く利用されています。

ブースティングが逐次的に誤分類しないように処理を進めていくので、バギングよりも精度が高い傾向があります。しかし、ブースティングは複数個のモデルに対して並列処理ができないため、学習にかかる時間が多くなります。

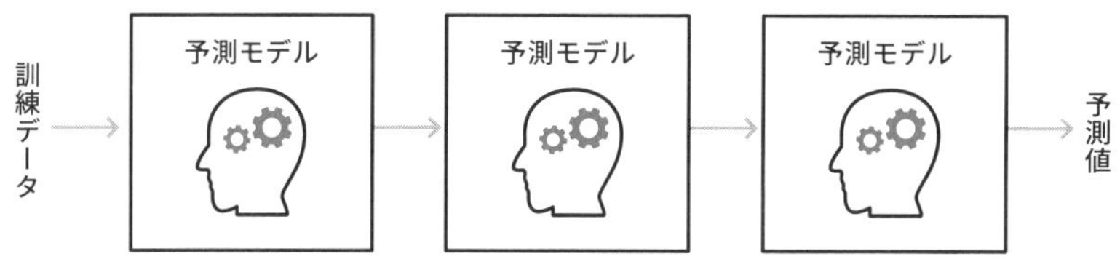

6-3-5 正規化

データ全体のスケールを調整することを正規化といいます。中古車の価格予測を例に考えていきます。

中古車の価格を決めるにあたっては、車種や年式のほか、燃費や走行距離など、さまざまな特徴量が用いられます。

たとえば、サンプルデータに、価格82.5、燃費12.6、走行距離120000というデータがあった場合、私たちは、価格は82.5万円で燃費は12.6km/L、走行距離は12万kmと直感的に単位を補うことができますが、機械学習では、与えられた数字をそのまま読み込むため、価格や燃費と走行距離の間には1000倍もの数値上の開きが出てきてしまいます。

このようなデータをそのまま使用するよりも、すべての数値を0から1の範囲にスケール調整を行った方がパラメータに偏りが少なくなるため、効率的な学習が行えます。

このように、データ全体のスケール調整を行うことを正規化といいます。

正規化でよく用いられる手法に、min-max正規化があります。

価格	燃費	走行距離
82.5	12.6	120000
194.0	16.8	12000
127.5	8.9	75000

価格	燃費	走行距離
0.00068750	0.00010500	0.99999976
0.01616454	0.00139982	0.99986837
0.00170000	0.00011867	0.99999855

また、０～１の範囲の正規化ではないのですが、スケールの調整をしたいというモチベーションが同じである手法に、標準化という手法があります。

標準化を行うと、平均が０、標準偏差１のデータに変換する事ができます。

6-3-6 バッチ正規化

ニューラルネットワークの特定の階層で正規化を行うことをバッチ正規化といいます。

ニューラルネットワークの学習において、各特徴量の分布がとても重要であり、分布が大きく違いすぎると学習がうまく進まないという性質があります。このためバッチ正規化層を用意して、アフィン変換によりデータの分布を平行移動や圧縮することで各特徴量間の分布を揃える手法が広く普及しています。

バッチ正規化により入力の分布が学習途中で大きく変わってしまう内部共変量シフトを緩和させることができます。

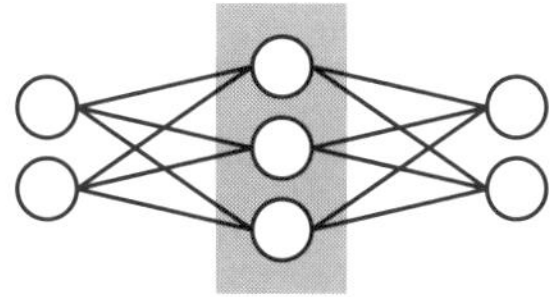

バッチ正規化が有効な階層

6-3-7 ドロップアウト

ドロップアウト（Dropout）は、学習時にモデル内のノードの一部をランダムに無効化することで、ニューラルネットワークで起こりやすい過学習を緩和させるテクニックです。

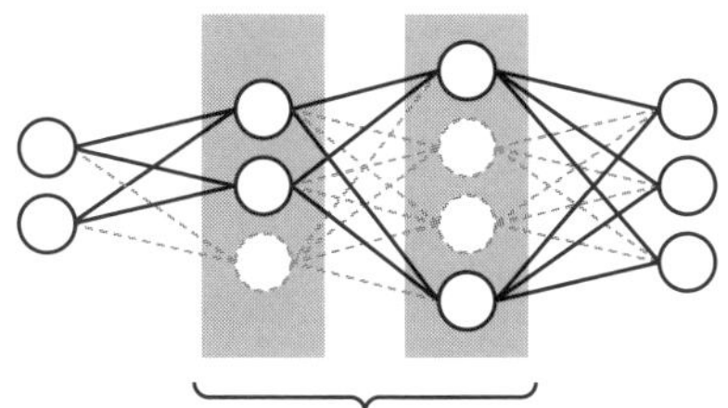

ドロップアウトが構成された階層

ドロップアウトによって、学習時にノードが利用不能（そのノードから流れるデータを強制的に0にする）となる制限が課せられます。

ドロップアウトは、複数の学習器を組み合わせて学習するアンサンブル学習と同等の効果があるといわれており、過学習を防ぐことに効果的です。

6-3-8 正則化

正則化とは、モデルが学習する際に、制限を加えることでモデルが必要以上に訓練データに対して最適化される過学習を防ぐ手法の総称です。

線形回帰では、回帰直線を導き出すために、最小二乗法を用います。

最小二乗法とは、実測値と予測値との誤差を二乗して、その総和が一番小さいものを採用する手法です。

二乗誤差の総和（最小二乗法）

（実測値−予測値）^{2}を合計したもの

$$E = (y_1 - \widehat{y_1})^2 + (y_2 - \widehat{y_2})^2 + \cdots + (y_n - \widehat{y_n})^2$$

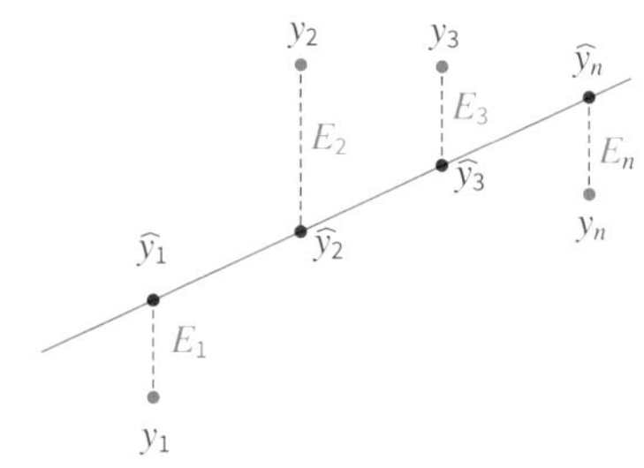

Eは誤差、yは実測値、$\widehat{y}$は予測値

上記の図のように、y_1（1件目のデータの実測値）と $\hat{y}_1$（1件目の予測値）との間にE_1（1件目の予測誤差）が計算できます。これらの誤差を2乗して合計したものが、この回帰直線における損失関数（誤差関数）となり、次のような数式で表現することができます。

$$E = \sum_{n=1}^{N} (y_n - \widehat{y_n})^2$$

最小二乗法は実測値と予測値の誤差だけを最小化していきますが、正則化を行うことで、誤差と正則化項というパラメータも併せて最小化が行われます。

$$E = \sum_{n=1}^{N} (y_n - \widehat{y_n})^2 + \textbf{正則化項}$$

よく利用される正則化手法にL1正則化とL2正則化があります。

L1正則化

正則化項としてL1ノルム（各次元の値の絶対値の和）を使用します。L1正則化によって、いくつかのパラメータ（入力変数に対する係数）が0になるため、特定の入力変数を無視されます。

たとえば、賃貸物件の家賃を予測するために、入力変数として、駅からの距離、物件の築年数、間取り、オートロックの有無、外壁の色などがあった場合に、正則化によって、不要な変数（たとえば外壁の色）を自動的に排除（特徴量選択）することができるようになります。

このように、L_1正則化では、重要でないパラメータを0にすることで過学習を抑制します。

線形回帰モデルに、L_1正則化を取り入れた手法をラッソ回帰（Lasso回帰）と呼びます。

L2正則化

正則化項としてL_2ノルム（各次元の値を2乗した和の平方根）を使用します。L_2正則化によって、いくつかのパラメータが0に近づくため、特定の入力変数の影響度を下げることで過学習を抑制します。

線形回帰モデルにおいてL_2正則化を取り入れた手法をリッジ回帰（Ridge回帰）と呼びます。

なお、L_1正則化とL_2正則化を組み合わせた線形回帰手法をElastic Netと呼びます。

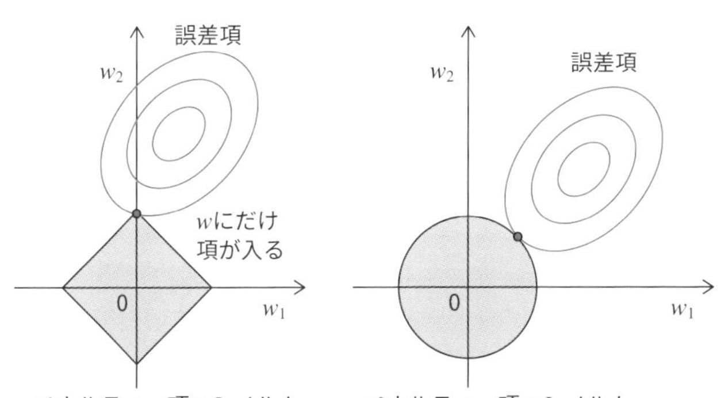

図は、L1正則化とL2正則化を表したもので、説明変数が2つのときの回帰の図です。楕円部分は単純な予測と実際の差分から計算できる誤差項です。青色の領域は正則化項を表しています。（L_1正則化は絶対値のため、青色領域はダイヤ型になり、L_2正則化は2乗しているため、青色領域は円形になる）そして、2つの領域の接している赤点がリッジ回帰やラッソ回帰で算出した回帰式の係数と解釈することができます。

この図の場合、L1正則化がラッソ回帰のとき、w_2の値がちょうど0になっていることが確認できます。

6-3-9 グリッドサーチ

グリッドサーチとは、パラメータの組み合わせをすべて試し、最適な出力結果となるパラメータの組み合わせを探索する方法です。

予測モデルの構築に必要なハイパーパラメータを、グリッドサーチによって探索させることで、予測精度の向上を図ることができます。ただし、すべての組み合わせでモデルの学習をそれぞれ行うので、学習時間は非常にかかります。

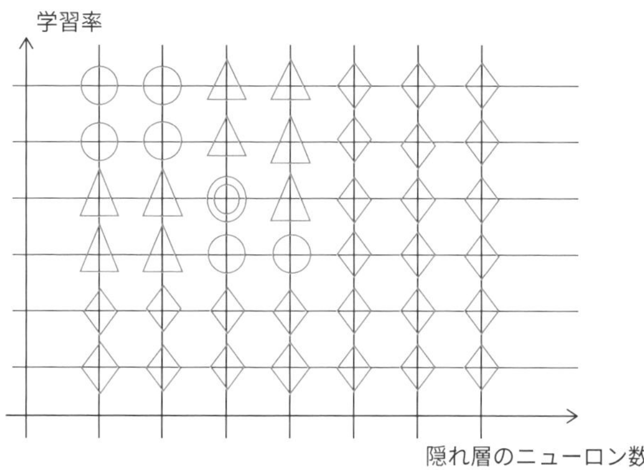

図はニューラルネットワークでグリッドサーチをしたときのイメージです。ニューラルネットワークのハイパーパラメータには、たとえば学習率と隠れ層のニューロン数があるので、この2つをグリッドサーチで探索します。

学習率の候補を6通り、隠れ層のニューロン数の候補を7通りほど用意してどの組み合わせが最も予測性能が良くなるか1つずつ調べます。

図の場合、◎がもっとも予測性能が良い事を表していて、次に良いのが○、△、◇のマークと続くとしましょう。図のように、42通りのすべてのパターンで1つずつ学習を行い、その結果として二重丸の組み合わせが最適な学習率と隠れ層のニューロン数という事がわかります。

ハイパーパラメータの探索法は、グリッドサーチ以外にもランダムにパラメータの組み合わせを選んで探索を行うランダムサーチと、ベイズ統計の考え方を利用し、最適な組み合わせの当たりをつけて探索していくベイズサーチがあります。

6-4 ライブラリとフレームワーク

▶▶ 確認問題

次の各文章を読んで、正しければ○、間違っていれば×をつけてください。

1. PyTorchは、もともとはFacebook社が開発していたオープンソースライブラリ
2. Chainerは、NVIDIA社が開発しているオープンソースライブラリ
3. TensorFlowは、Google社が開発しているオープンソースライブラリ

1.○　2.×　3.○

ここは 必ずマスター!

さまざまなフレームワーク

ディープラーニングのAIを実装するためのフレームワークはいくつかあり、有名な例としては、TensorFlow、PyTorch、Chainerなどがある。

6-4-1 概要

ディープラーニングモデルをつくるとき、ただデータだけがあれば良いというわけではありません。Pythonなどのプログラミング言語を利用して、機械学習処理に関するコーディングをする必要があります。

そのため、本来機械学習モデルを作成するためには、非常に高いレベルの数学の知識とプログラミングの知識が必要でしたが、現在では数学の知識もプログラミングの知識も最小限で機械学習モデルがつくれるようなフレームワークが多く公開されています。

代表的なものを紹介します。

6-4-2 Tensor Flow

TensorFlowは、Google社が公開しているライブラリで、PythonやC++などで数値解析や機械学習などを行うことのできるフレームワークです。

もともとはGoogle社が内部で利用するために開発されましたが、2015年11月にβ版が公開されました。

6-4-3 PyTorch

PyTorchは、もともとはFacebook社が開発をしていたオープンソースライブラリで、TensorFlowと同様に機械学習などを実施する事ができます。とても強力なGPUサポートを備えたテンソル演算などを行う事ができます。

6-4-4 Chainer

ChainerはPreferred Networks社が公開しているオープンソースのライブラリです。Preferred Networks社が日本の企業であることから、日本国内での利用が活発です。一般的なディープラーニングのフレームワークは最初に計算グラフ（モデルの構造）を定義した後にデータの計算をするDefine and Runを採用していますが、Chainerは　実際にデータを利用して計算するときに計算グラフを動的に作成するDefine by Runを採用しています。なお、2019年に同社はChainerの開発の終了とPyTorchへの移行を表明しました。

6-4-5 Keras

KerasはGoogle社によって開発されたラッパーライブラリで、TensorFlowやCNTKなどのフレームワークをKerasから呼び出して実行させることができます。このため、モデルの作成時と推論時で異なるプラットフォームで実行させるといったことができます。

6-5 計算リソース

▶▶ 確認問題

次の各文章を読んで、正しければ○、間違っていれば×をつけてください。

1.GPUはCPUに比べて、ディープラーニングの学習に関する計算処理が高速である

2.分散処理のミドルウェアに、Apache Hadoopなどがある

1.○　2.○

ここは 必ずマスター!

GPUとは

GPU（Graphics Processing Unit）はCPU（Central Processing Unit）と比べて、非常に高速に計算を行うことができる。

その他分散処理

ディープラーニングを複数のシステムで分散処理させるための仕組みとしてApache Hadoopや、Apache Sparkなどのミドルウェアがある。

6-5-1 ディープラーニングとGPU

ディープラーニングを利用する上でGPU（Graphics Processing Unit）はとても重要です。CPU（Central Processing Unit）と比べて、コアと呼ばれる計算処理を行うチップの数が段違いに多く、これらのコアで処理を分散させることで非常に高速に計算を行うことが可能になります。

1章 2章 3章 4章 5章 6章 7章

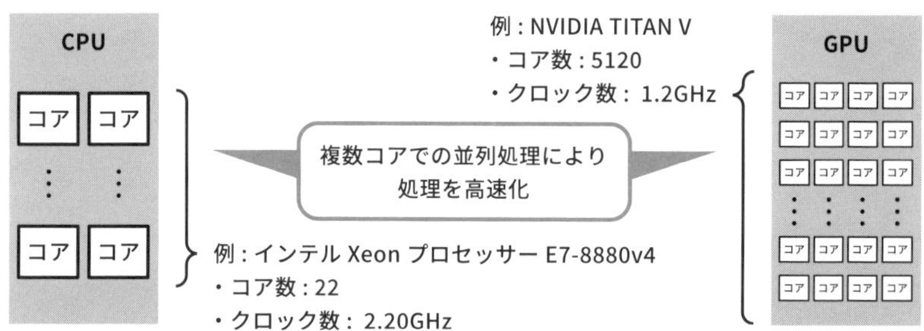

GPUはもともと画像描画処理用に開発されたものですが、画像処理もディープラーニングの行列計算も同じような計算であるため、画像処理に特化しない汎用的な用途で利用できるように改良されたGPGPU（General-Purpose computing on Graphics Processing Units）が開発されました。

NVIDIA社はGPU分野のリーディングカンパニーで、ディープラーニングでGPU計算をサポートするためのライブラリも提供しています。

最近ではGPUを搭載した仮想マシンをクラウド上で利用できるサービスも普及してきているため、気軽にディープラーニングを始めることができるようになりました。

また、ディープラーニングを複数のシステムで分散処理させるための仕組みとしてApache Hadoopや、Apache Sparkなどのミドルウェアの活用も注目を浴びています。

6-6 その他のオンラインリソース

▶▶ 確認問題

次の各文章を読んで、正しければ○、間違っていれば×をつけてください。

1. CIFAR-10は飛行機や動物などの10種類の画像セットで、6万枚のデータが収録されている
2. MNISTは0から9までの手書き数字の画像を集めたもので、7万枚のデータが収録されている
3. Kaggleは機械学習ユーザーのコミュニティサイトとして、サンプルデータや学習リソースの提供に加えて、コンペティション会場を提供している

1.○　2.○　3.○

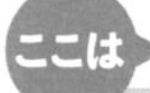

必ずマスター!

オンライン上の有名な自己学習用データセット

オンライン上には、さまざまな自己学習用の無料データセットが提供されている。0～9の手書き数字の画像データが収録されたMNISTや、飛行機や動物などの10種類の分類を行うCIFAR-10などが有名である。

オンラインでの学習コンテンツ

入門者～初心者が勉強をするための学習コンテンツもインターネット上に豊富にある。

世界中の機械学習&統計解析ユーザーのコミュニティであり、コンペも開催しているKaggleや、スタンフォード大学や東京大学など世界中の多くの大学や企業の講義をオンライン上で受講できるCourseraなどが有名である。

ディープラーニングの利用や実装をするにあたり有益なリソースがオンライン上で多数提供されています。

6-6-1 データセット

機械学習やディープラーニングでよく利用される代表的なデータセットは次のとおりです。

MNIST	0から9までの手書き数字の画像を集めたもので、7万枚のデータが収録されている。
CIFAR-10/ CIFAR-100	CIFAR-10は飛行機や動物などの10種類の画像セットで、CIFAR-100は100種類の画像セット。どちらも6万枚のデータが収録されている。
ImageNet	注釈付きの1400万枚を超える画像セット。そのうち100万枚はバウンディングボックスも用意されている。
Fashion-MNIST	ファッションブランドのZalando社が提供する7万枚のアパレル画像のデータセット。
COCO	80種類のカテゴリをもつ30万枚以上の画像セット。対象物の輪郭やアノテーション、人物の特徴点を表すキーポイントも多数含まれる。
Youtube-8M	料理やスポーツなど4800種類のラベルでタグ付けされた800万本のYouTube動画のデータセット。

6-6-2 知識キャッチアップのプラットフォーム

ディープラーニングなどの先端技術は日進月歩で進化しており、最新技術をキャッチアップするのは困難になりがちです。そこで最近ではエンジニアに対して技術支援を行うためのプラットフォームがいくつか用意されています。

Kaggle	機械学習ユーザーのコミュニティサイトとして、サンプルデータや学習リソースの提供に加えて、コンペティション会場を提供してます。
arXiv	研究論文の公開や閲覧を目的としたサイトで、ILSVRCで優勝した予測モデルなどの論文にアクセスすることが可能です。
Coursera	スタンフォード大学や東京大学など世界中の多くの大学や企業の講義をオンライン上で受講できるサービスです。
Google Sholar	オンライン上の学術論文の検索に役立ちます。
GitHub	ソースコードや学習モデルなどを公開・共有するためのプラットフォームです。
OpenAI Gym	強化学習のシミュレーション用プラットフォームです。ブロック崩しなどのゲーム環境や物理シミュレーションデータを提供しています。

▶▶ 章末問題

問題1 次の文章を読み、空欄に当てはまる選択肢を１つ選べ。

教師あり学習を行う上で、モデルが過学習を起こさないように注意する必要がある。回帰モデルに関していえば、正則化による（ア）処理を行うことにより、過学習を緩和できる場合もある。過学習を起こさせないことにより（イ）が可能である。

この正則化と呼ばれる手法には数多くの種類があり、L1正則化と呼ばれる（ウ）は不要と判断された説明変数の係数を０にする事で、自動的に特徴量選択を行い、不要な特徴量は自動的にモデルから消えるようになっているが、それに対して、L2正則化と呼ばれる（エ）は、回帰係数を小さくしようと働きかけるが、自動的に特徴量選択をしようとする機能はない。

（ア）の選択肢

1. データを0～1の間に収まるようにする
2. データを平均0、標準偏差1になるようにする
3. モデルのパラメータに制約を課す
4. すべての特徴量に相関がなくなるようにする

（イ）の選択肢

1. モデル学習でGPUによる並列処理を行うこと
2. モデルが実際に運用されたときの性能を向上させること
3. モデルをより複雑な関数にすること
4. モデルを学習途中の状態に戻すこと

（ウ）の選択肢

1. Dropout
2. 逆問題
3. 情報量基準
4. Lasso回帰

（エ）の選択肢

1. ElasticNet
2. スパース正則化
3. Ridge回帰
4. ニューラルネットワーク回帰

問題2 **次の文章を読み、空欄に最もよくあてはまる選択肢を１つ選べ。**

回帰モデルの汎化誤差は（ア）、（イ）、（ウ）の３つの要素に分解できる。（ア）はモデルが複雑になりすぎて過学習を起こしているときに高くなり、（イ）は逆にモデルが単純すぎて未学習のときに高くなる。（ウ）はデータ自体に混入しているため、モデルチューニングを工夫しても取り除くのは難しく、どうしても生じてしまう誤差である。

（ア）、（イ）、（ウ）の選択肢

1．バリアンス

2．ミダス

3．バイアス

4．ノイズ

5．カグル

6．シグナル

問題3 次の文章を読み、空欄に当てはまる選択肢を選べ。

予測モデルの性能指標は、予測モデルを運用する目的に応じて注意深く考える必要がある。たとえば、医療現場である病気が発症しているか（陽性）を判定する予測モデルを運用したとしよう。仮に、その病気の罹患率が1%だとして、無作為に選んだ患者100人に自動判定を実施する。このとき、患者全員に対して無条件に「病気は発症していない（陰性）」と判断を下すモデル（たとえば、「年齢が0以上なら陰性」という条件分岐の決定木モデル）を利用するとしたら、100人中99人は陰性で、罹患しているのは一人だけなので、正解率は（ア）となる。全くもって無意味なモデルなのに、正解率が高くなってしまう事から、今回の例の場合は正解率は不適切な指標となるので、ほかの性能評価の指標を利用した方が良い。

たとえば、とにかく陽性患者を見落とすことを避けたい場合には（イ）が、逆にとにかく健康である人を陽性であると判定してしまうことを避けたいならば（ウ）が適する。そうすると目的の達成度合いと性能指標の数値が比例するようになるので、先の正解率のようなケースは起こらない。また、（イ）と（ウ）は一方を極端に高めると他方は低下してしまうトレードオフの関係になるので、それらの調和平均をとった（エ）を利用して、バランスを取ることも考えられる。

（ア）の選択肢

1. 99%
2. 1%
3. 9%
4. 11%

（イ）、（ウ）、（エ）の選択肢

1. 調和率
2. 適合率
3. 再現率
4. f値
5. p値
6. t値

問題4 **ある2クラス分類問題において、適合率が0.9、再現率が0.6となった。このときのf値はいくつか。**

1. 0.54
2. 0.72
3. 0.75
4. 0.9

問題5 **次の文章を読み、空欄に当てはまる選択肢を選べ。**

交差検証は（ア）のために利用される手法であり、さまざまな種類がある。ホールドアウト法はデータを２つに分割し１回学習を行う手法であり、k-分割交差検証は、k個に分割したデータを用いて、学習をk回行う手法である。k-分割交差検証とホールドアウト法を比較すると、k-分割交差検証の方が（イ）というメリットがある。

（ア）の選択肢

1. データのサンプル数を減らしたときの性能を評価する
2. 運用の際に、モデルが示す性能を見積もる
3. データ間の相関を調べる
4. 特徴量の抽出が自動で行えるかどうかを知る

（イ）の選択肢

1. 少ないサンプル数でも、より信頼できる結果が得られる
2. 性能の乏しい計算機でも処理が行える
3. 正解ラベルが付与されていないデータでも同様の結果が得られる
4. 既存のフレームワークに依存せずに実行できる

問題6 **以下の文章を読み、空欄に当てはまる選択肢を選べ。**

ディープラーニングを実装するためのフレームワークは多々あり、Google社提供の（ア）や、Facebook社が初期開発した（イ）、日本国内企業が開発した（ウ）などがある。また、このようなフレームワークはDefine by Runか（エ）かで分類されることもあるが、どちらの方式も使えるようなものも出てきている。

（ア）～（ウ）の選択肢

1. Chainer
2. PyTorch
3. TensorFlow

（エ）

1. Define for Run
2. Define and Run
3. Define on Run

問題7 **以下の文章を読み、空欄に当てはまる選択肢を選べ。**

ディープラーニングでは、得られたデータの中からサンプリングした一部のデータのみを学習に利用するという手法が用いられる。また、この工程はイテレーションという単位で繰り返され、そのたびにサンプリングは新たに行われる。このような手法は（ア）と呼ばれ、イテレーションごとにただ１つのサンプルを利用する（イ）や、一定のサンプルを利用する（ウ）はがそれに含まれる。また、データすべてを利用する手法を（エ）と呼ぶ。

（ア）の選択肢

1. 決定的勾配降下法
2. 確率的勾配降下法
3. 確定的勾配降下法
4. 統一的勾配降下法

（イ）と（ウ）と（エ）の選択肢

1. 逐次学習
2. マルチタスク学習
3. バッチ学習
4. ミニバッチ学習

問題8 **次の文章を読み、空欄に当てはまる選択肢を選べ。**

ニューラルネットワークは過学習を起こしやすい性質をもつため、それを改善させる方法がいくつかある。たとえば、学習の際に一部のノード（ニューロン）を無効にして利用させない（ア）や、一部の層の出力を正規化する（イ）、画像データのときに、画像の反転などで水増しして不足を補う（ウ）、パラメータのノルムに罰則を課す（エ）などがそれにあたる。

（ア）～（エ）の選択肢

1. バッチ正規化
2. ドロップアウト
3. データ拡張
4. L2正則化

問題9 **以下の文章を読み、空欄にあてはまる選択肢を選べ。**

ディープラーニングは、日々目まぐるしく技術が進歩し、最新の技術をキャッチアップすることは難しい。しかし、現在は技術者に対してこれらを支援するプラットフォームが多く存在する。たとえば、Kaggleは（ア）を、arXivは（イ）を、GoogleScholarは（ウ）を、Courseraは（エ）をそれぞれ可能にしている。

（ア）～（エ）の選択肢

1. 海外大学の公開授業の受講
2. Web上の学術論文の検索
3. 研究論文の公開・閲覧
4. コンペティションへの参加

問題10 **次の計算式で計算される、モデルの予測の良さを重視する指標を1つ選べ。**

計算式

$$-2\{(\text{最大対数尤度})-(\text{最尤推定したパラメータ})\}$$

1. AIC
2. BIC
3. SGD
4. RNN

1章 2章 3章 4章 5章 6章 7章

解答と解説

問題1　**正答（ア）…3　（イ）…2　（ウ）…4　（エ）…3**

正則化は過学習を回避するための方法である。過学習は、テストデータでの予測性能が低下してしまっている状態なので、過学習を防止することによって将来的なAI運用時の予測性能を向上させることにつながる。正則化にはさまざまな方法があるが線形重回帰モデルではLasso回帰とRidge回帰が正則化手法として有名である。Lasso回帰は、不要な特徴量項目のパラメータを0にするように働くので、特徴量の自動選択なども行う事ができる。

問題2　**正答（ア）…1　（イ）…3　（ウ）…4**

汎化誤差とは、予測モデルの未知データに対する予測結果の誤差であり、バリアンス・バイアス・ノイズの3つの要素に分解できる。

バリアンス…モデルが必要以上に複雑になりすぎてしまっている状態（いわゆる過学習）。

バイアス…モデルが簡潔すぎたり、訓練データから十分に学習しきれていない状態（いわゆる未学習）。

ノイズ…上記2つ以外の原因でおこる誤差。ノイズをゼロにするのは非常に難しい。

問題3　**正答（ア）…1　（イ）…3　（ウ）…2　（エ）…4**

罹患率が1%であるので、患者100人ならば陽性が１人で、陰性が99人となる。予測モデルは常に陰性と判定するので、正解率は $\frac{99}{99+1}=0.99$（99%）となる。

また、再現率は本当に陽性の患者のうち、モデルの予測も陽性になった人数比率を表すため、再現率を上げることによって、陽性患者の見落としを防ぐ事ができる。

適合率は、陽性と予測された人の中で、本当に陽性だった人の比率であるので、適合率を上げることにより、健康な人を陽性と判断し、不要な再検査を行ってしまう頻度を減らす事ができる。適合率と再現率はトレードオフの関係ですが、両者の調和平均をとったF値を確認することで、どちらとも考慮して考察を進める事ができる。

問題4　**正答2**

適合率が0.9 再現率が0.6なので

$$\text{F値}=\frac{2\times0.9\times0.6}{0.9+0.6}=0.72$$

問題5　**正答（ア）…2　（イ）…1**

交差検証は、データを学習に利用する訓練データと、学習には全く利用せずに精度の検証のみを行うテストデータに分割する手法である。交差検証を行うことで、運用時の予測性能を見積り、汎化誤差を押さえる事ができる。

データを単純に2分割するホールドアウト法では、サンプル数が少ないと、分割の仕方にデータの偏りが生じるかもしれないので、ホールドアウト法よりk-分割交差検証法の方が信頼できる手法といえるが、分割した分、学習と性能チェックを繰り返すので時間はかかる。

問題6　**正答（ア）…3　（イ）…2　（ウ）…1　（エ）…2**

Google社…TensorFlow

Facebook社…PyTorch

Preffered Networks社…Chainer

またディープラーニングフレームワークはモデル構造を事前に定義するDefine and Runと計算時に動的に定義する　Define by Runの2種類に大別する事ができる。

問題7　**正答（ア）…2　（イ）…1　（ウ）…4　（エ）…2**

訓練データの中から、データをランダムにサンプリングして1度の学習に利用する方法を確率的勾配降下法と呼ぶ。

1件だけランダムサンプリングして1回の学習を行う方法を逐次学習、2件以上の訓練データをサンプリングする方法をミニバッチ学習と呼ぶ。

ランダムサンプリングせず、訓練データをすべて利用して1回の学習を行う方法をバッチ学習と呼ぶ。

問題8　**正答（ア）…2　（イ）…1　（ウ）…3　（エ）…4**

バッチ正規化…ミニバッチのデータに対して、各層で正規化して次の層の入力データとして渡す手法。バッチ正規化をすることで学習が効率よく進むだけでなく、過学習の防止にもなる。

ドロップアウト…モデル内のいくつかのニューロンをその都度ランダムに利用不能にする手法。1つのモデルの中でアンサンブル学習をしていることと同じ効果があるため、過学習の防止になる。

データ拡張…過学習の対策の１つとしてそもそものデータ数を増やすという事が挙げられるが、CNNなどの画像分類モデルの場合、入力の画像データに対して、回転や平行移動などの画像加工を行うことでデータ数を簡単に増やす事ができる。

L2正則化…モデル内のパラメータに罰則をつけることで制約を課す方法を正則化と呼ぶ。有名な正則化法にはL1正則化とL2正則化がある。

問題9　**正答（ア）…4　（イ）…3　（ウ）…2　（エ）…1**

Kaggle	機械学習ユーザーのコミュニティサイトとして、サンプルデータや学習リソースの提供に加えて、コンペティション会場を提供してます。
arXiv	研究論文の公開や閲覧を目的としたサイトで、ILSVRCで優勝した予測モデルなどの論文にアクセスすることが可能です。
Coursera	スタンフォード大学や東京大学など世界中の多くの大学や企業の講義をオンライン上で受講できるサービスです。
Google Sholar	オンライン上の学術論文の検索に役立ちます。
GitHub	ソースコードや学習モデルなどを公開・共有するためのプラットフォームです。
OpenAI Gym	強化学習のシミュレーション用プラットフォームです。ブロック崩しなどのゲーム環境や物理シミュレーションデータを提供しています。

問題10　**正答1**

AICは次の計算式で計算される。

−2{（最大対数尤度）−（最尤推定したパラメータ）}

選択肢2は、AICを応用し、ベイズ統計の考えを組み合わせた指標である。

選択肢3は、DNNモデルのパラメータを更新する際のアルゴリズムである。

選択肢4は、時系列データに特化したディープラーニングモデルである。

7

AIの社会実装にむけて

7-1 AIと知的財産権

▶▶ 確認問題

次の各文章を読んで、正しければ○、間違っていれば×をつけてください。

1. 日本では、他人の著作物をもとにデータセットを作成して、インターネット上に公開・販売することは、禁止されている
2. 不正競争防止法では、営業秘密の要件として秘密絶対性、非公知性、有用性が掲げられている
3. 人が著作物を創作するために道具としてAIを使用した場合、AIによって創作されたものも著作物として認められる。

1.×　2.×　3.○

ここは 必ずマスター！

日本におけるAIと著作権

2019年に著作権法が改正され、機械学習やディープラーニングで著作物を学習データとして利用しやすくなった。現在では、情報解析で使用するならば営利目的でも著作者の許諾なしに著作物を複製・保存できるようになった。

不正競争防止法

自社のデータセットや学習済モデルが著作権保護を受けることができなくとも、不正競争防止法の営業秘密によって保護対象にすることができる。営業秘密の要件は秘密管理性、非公知性、有用性が掲げられている。

7-1-1 概要

ディープラーニングをはじめとする機械学習によって、回帰や分類といった予測値を出力したり、作画や対話文の生成などのコンテンツを出力することができるようになります。

これらの処理を行うためには、学習用のデータを集めてデータセットを作成し、データセットを用いて学習モデルの作成とパラメータのチューニングを行います。

期待できる予測精度を出すことができれば、学習済モデルとして本番環境での運用を行うことになりますが、著作権など権利関係には注意しておく必要があります。

7-1-2 学習データと著作権

学習モデルの予測精度向上には大量のデータが欠かせません。

自分自身あるいは自分の所属している団体がデータを保有していれば問題ありませんが、データが足りないときは、インターネットなどで公開されている他者のデータを利用することも検討します。

このとき、他者のデータを利用するにあたってはデータ利用の制約に抵触するかどうかを慎重に判断しなければなりません。

日本の著作権法上、著作権とは、著作物を創出した著作者が有する権利を指します。また、著作物とは、「思想又は感情を創作的に表現したものであって、文芸、学術、美術又は音楽の範囲に属するもの」を指しています。（著作権法2条1項1号）

為替データの推移などは、過去の事実が累積されているデータに過ぎないため、創作物とは見なされないためデータ自体に著作権は発生しないとされています。このため、為替データや株価情報などはインターネットから取得しても特に問題にはなりません。

これに対して写真や絵画、楽曲などは明白な著作物となるため著作権が発生します。

2019年に著作権法が改正されたことにより、機械学習やディープラーニングで著作物を学習データとして利用しやすくなりました。

現行の著作権法では、ディープラーニングを含む機械学習など情報解析で使用するのであれば、著作者の許諾なしに著作物を複製・保存することができるようになりました。（著作権法30条の4）

7-1-3 データセットの権利保護

生データは単なるデータの集合体であるため、一般に著作権は認められません。

これに対して生データの欠損値や外れ値などの対処を行ったり、生データから特徴ベクトルに加工したデータセットや学習データは著作権法における「データベース」に該当し、情報の選択または体系的な構成によって創作性が認められるものは著作物として保護されます。

このため、他人の著作物をもとにデータセットを作成して、インターネット上に公開したり販売したりすることも一定の条件下で認められています。（著作権法30条の4）

諸外国では非営利目的・研究目的でのみデータセットの公開は許容されているのに対して、

日本では営利･非営利でも適法となるため、世界的にも珍しい取り組みだといわれています。

なお、データセットは、著作物などの生データをモデル作成に必要な加工を施したものを指しますので、データの内容を人間が悲しんだり、感動したりといった知覚できるものはデータセットではなく単なる生データです。このため、小説や漫画を丸ごとスキャンしたデータはデータセットではありませんので、公開したり販売したりすることは著作権の侵害となります。

また、著作権では問題にならなくても、機密情報やプライバシーに関する情報は不正競争防止法や個人情報保護法など関連する法律に抵触する可能性がありますので、どのようなデータでも無制限に利用できるわけではありませんので注意が必要です。

作成したデータセットは著作権法上の保護だけでなく、不正競争防止法における営業秘密としても保護の対象となります。

不正競争防止法では、営業秘密の要件として、秘密管理性（組織内で、当該情報が秘密であることがわかるように管理されていること）、非公知性（一般に入手できないこと）、有用性（当該情報自体が客観的に事業活動に利用されていること、商業的価値があること）が掲げられています。（不正競争防止法２条６項）

つまり、データセットが組織内で適切に管理されていれば、営業秘密として保護され、不正取得や不正利用に対して損害賠償請求などを行うことが可能になります。

作成したデータセットを自社で利用するのではなく、第三者と共有することに価値を見出したり、第三者に販売することで利益を生みたいというニーズもあります。

2018年に改正された不正競争防止法では、秘密管理性や非公知性の要件を満たさなくても、限定提供データが保護されるようになりました。（不正競争防止法２条７項）

限定提供データとは、IDやパスワードなどで利用者を限定して提供するデータを指します。

限定提供データは、利用者を特定して提供することを前提としているため、不正競争防止法での営業秘密にはあたりませんが、不正な手段によって取得・使用された場合は差止請求などの法的保護を受けることができます。

7-1-4 学習済モデルの権利保護

学習済モデルとは、予測モデルを構成するアルゴリズムと学習によって収束したパラメータセットの集合体ですが、学習済モデルが著作権で保護されるかどうかは議論の余地があるため、ほかの手段で権利保護を検討する必要があります。

学習済モデルはデータセットと同様に、秘密管理性などの要件を満たしていれば不正競争防止法における営業秘密として保護されます。また、学習済モデルを作成するにあたり、他人の著作物をもとに生成したデータセットを用いても問題はなく、このようにして完成した学習済モデルを販売などの営利目的で利用することも認められています。

学習済モデルの入力値と出力値を学習させることで、もとの学習済モデルと同等の性能をより軽量なモデルで実現させる蒸留と呼ばれる学習手法があります。蒸留はもとの学習済モデルがブラックボックス化されていても、入力と出力の関係性を学習させることが可能です。

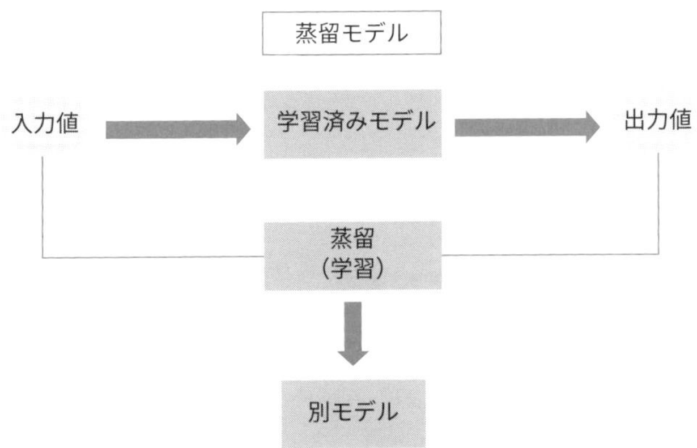

このように蒸留は性能が変わらず、より軽量なモデルを作成することができるため、スペックの低いデバイスで推論をさせたい場合などで有効な手段だと考えられています。

しかし、蒸留によってつくられたモデルは元の学習モデルの痕跡をほとんど残さないで作成することができるため、元のモデルとの同一性・関連性が立証できず、差し止めや損害賠償請求がとても難しいといわれています。

7-1-5 AIによる創造物と著作権

AIの進化に伴い、さまざまな作品がAIに生み出されるようになり、絵画や楽曲、デザインや短編小説など、人間が作成したものと見分けがつかないレベルでの創造ができるようになってきています。

2016年にオランダのデルフト工科大学とマイクロソフトなどが共同で、画家レンブラントの画風での作画を行うThe Next Rembrandtプロジェクトによる作品を公開しました。

このプロジェクトでは、レンブラントの作品をディープラーニングによって特徴を解析して、3Dプリンタによって絵具の隆起までも再現しながら、新たな作品を生み出しています。

（参考：https://www.nextrembrandt.com/）

このようにAIが独自に創造した作品の著作権はどうなるのでしょうか。

著作物は人が思想や感情を創作的に表現したものであると理解されています。

このため、AIが独自に創作した作品は著作物にはあたらず、著作権も発生しないと考えられています。

ただし、すべてのAI創造物が著作物とならないわけではありません。

AIが生み出したコンテンツが、著作権法上の著作物として認められる要件として次の2つがあります。

・人が著作物を創作するために道具としてAIを使用した場合

・創作過程において、人による創作的寄与が認められる場合（具体的にどのようなものが創作的寄与となるかは議論が行われていますが、創作の過程で人間による確認や各種パラメータの調整や、最終成果物に対して人間が加工を行うような場合などが考えられます）

いずれのケースでも共通しているのは、人が関与して創作されたコンテンツであるということです。このため人間の創作的関与がなく、AIのみによって生成されたコンテンツは現行の著作権法では保護されません。

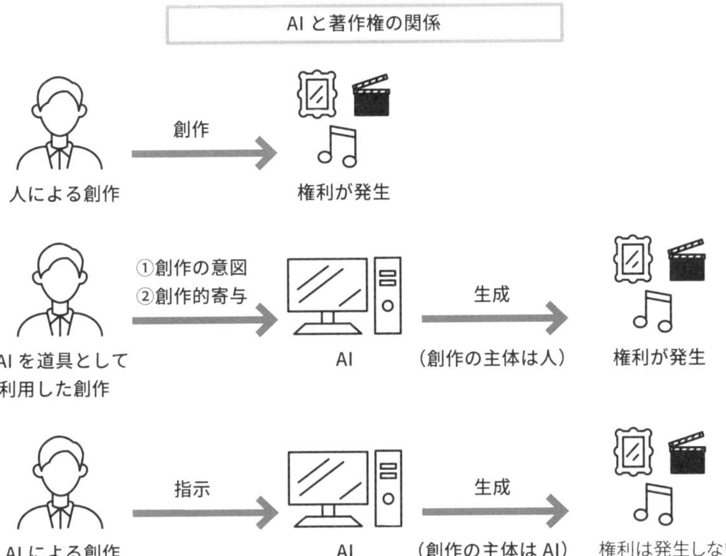
AI と著作権の関係
創作
人による創作
権利が発生
①創作の意図
②創作的寄与
AI を道具として
利用した創作
AI
生成
（創作の主体は人）
権利が発生
指示
AI による創作
AI
生成
（創作の主体は AI）
権利は発生しない

7-2 個人情報の取り扱い

▶▶確認問題

次の各文章を読んで、正しければ○、間違っていれば×をつけてください。

1. 個人情報の作成や取り扱いを行う事業者を個人情報取扱事業者と呼ぶ
2. GDPRは域外適用により、EU域外の事業者には適用されない

1.○　2.×

ここは必ずマスター!

個人情報保護法の概要

個人情報保護法により、個人情報を取得する際に、利用目的を出来る限り明確に示す必要があり、当初の目的以外で使用する場合は、本人の同意と利用目的を本人に通知・公表する必要がある。

GDPRとは

GDPR（General Data Protection Regulation;EU一般データ保護規則）は、EUで定められた個人データやプライバシーデータの保護に関する規則である。EU域外の事業者にも適応されるため、EU向けにサービスを提供する日本企業も法的規制の対象となる。

7-2-1 概要

AIによるシステムやサービスの開発にあたり学習データとして個人情報を取得したり、完成したAIを使って予測タスクを行う際に利用者に個人情報を入力してもらう場面がありますが、個人情報は機密情報の漏えいリスクやさまざまな法律上の制約があるため、適切な運用が求められます。

7-2-2 個人情報保護法とデータの利用

個人情報保護法において、個人情報とは、生存する個人に関する情報であって、氏名や生年月日などにより特定の個人を識別することができるものをいいます。個人情報には、ほかの情報と容易に照合することができ、それにより特定の個人を識別することができるものも含みます。個人情報の作成や取り扱いを行う事業者を個人情報取扱事業者と呼びます。

個人情報保護法により、利用目的をできる限り特定する必要があり、取得した個人データを当初の目的以外で使用する場合は、原則として事前の本人同意と、利用目的を本人に通知または公表する必要があります。個人データを第三者に提供する際にも原則として、事前の本人同意が必要になります。事前の本人同意をオプトインと呼びます。

また、個人情報取扱事業者には、個人データの漏洩防止などの安全管理措置、従業員の監督義務、委託先の監督義務、データ内容の正確性の確保などに関する努力義務などが規定されているため個人情報の取り扱いには厳格に行う必要があります。

7-2-3 要配慮個人情報

要配慮個人情報とは、「本人の人種、信条、社会的身分、病歴、犯罪の経歴、犯罪により害を被った事実その他本人に対する不当な差別、偏見その他の不利益が生じないようにその取扱いに特に配慮を要するものとして政令で定める記述等が含まれる個人情報」をいいます。(個人情報保護法2条3項)

通常の個人情報と異なり、本人の同意がない場合は取得ができず、本人の同意を得ない第三者提供(オプトアウト)も禁止されています。

7-2-4 匿名加工情報

匿名加工情報とは、特定の個人を識別できないように個人情報を加工し、その個人情報を復元できないようにした情報のことをいいます。

匿名加工情報は、一定のルールの下で利用目的による規制をなくし、本人の同意を得ることなく第三者提供が可能になり、事業者間におけるデータ取引やデータ連携を含むパーソナルデータの利活用を促進することを目的に、2017年5月、個人情報保護法の改正により新たに導入されました。

匿名加工情報を作成したり、第三者が作成した匿名加工情報を取り扱う事業者を匿名加工情報取扱事業者といいます。匿名加工情報取扱事業者は厳格な義務が課せられる代わりに、匿名加工情報の作成、社外への提供、受領しての利活用などが認められています。

匿名加工情報は個人情報から作成されるため、匿名加工情報の作成者は実務上、個人情報取扱事業者となります。

7-2-5 匿名加工情報取扱事業者の義務

匿名加工情報を取り扱う事業者は、個人情報保護法により、さまざまな義務が課せられます。個人情報から匿名加工情報を作成する場合、次のような義務が生じます。

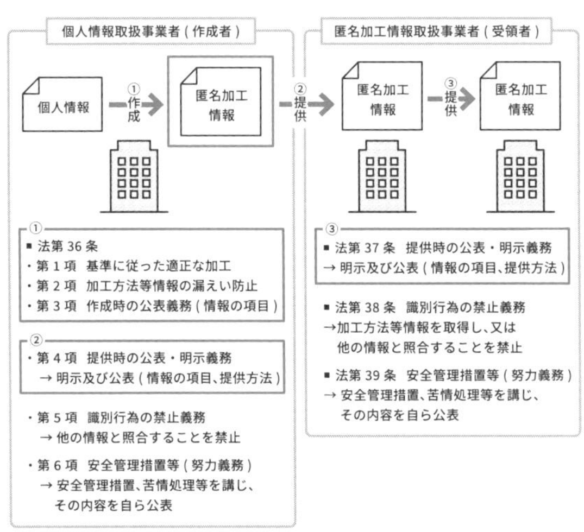

出典：個人情報保護委員会事務局,パーソナルデータの利活用促進と消費者の信頼性確保の両立に向けて,p.13,図表3-1を作図
（https://www.ppc.go.jp/files/pdf/report_office.pdf）

基準に従った適切な加工

特定の個人の識別や元の個人情報の復元ができないように個人情報保護委員会規則で定め

る基準に従いデータを加工する義務があります。(個人情報保護法36条)

規則では、氏名やクレジットカード番号などの削除や住所や年齢などの情報の抽象化のほか、ノイズデータや疑似テータの挿入などの手法が紹介されています。

加工方法など情報漏えいの防止

加工方法が分かってしまうと匿名加工情報から元の個人情報が復元できてしまう可能性があるため、加工方法は秘密にしておく必要があります。加工方法が漏えいしないように措置を講じる必要があります。

作成時の公表義務

匿名加工情報を作成したことをホームページなどで公表する必要があります。また、匿名加工情報に含まれる個人に関する情報の項目の公表も必要です。個人に関す情報の項目の例として、氏名、性別、生年月日、住所、購買履歴という個人情報から性別、年代、地域、購買履歴という匿名加工情報を作成した場合、公表する個人に関す情報の項目は、性別、年代、地域、購買履歴となります。

提供時の公表・明示義務

匿名加工情報を第三者提供するときは、提供する匿名加工情報に含まれる個人に関する情報の項目および提供方法について公表するとともに、提供先に当該情報が匿名加工情報である旨を明示しなければいけません。

識別行為の禁止義務

匿名加工情報を自ら利用するときは、元の個人情報に係る本人を識別するために、当該匿名加工情報をほかの情報と照合してはいけません。

安全管理措置などの努力義務

当該匿名加工情報の安全管理措置、匿名加工情報の取扱いに関する苦情の処理その他の匿名加工情報の適正な取扱いを確保するために必要な措置を自ら講じて、その内容をホームページなどで公表するよう努めなければいけません。

匿名加工情報を受領して利用する事業者は、情報の作成を行わないため加工の義務はありませんが、作成者の義務と同様に、提供時の公表・明示義務、識別行為の禁止義務、安全管理措置などの努力義務が科せられます。

利用者の識別行為の禁止義務には、固有の義務として、加工方法を取得すること自体が禁止されています。(個人情報保護法第38条)

7-2-6 GDPR（General Data Protection Regulation;EU一般データ保護規則）

GDPRでは、個人の氏名や住所、メールアドレス、クレジットカード番号などの基本的な情報に加え、インターネットアクセス時のIPアドレスやWebサイト閲覧時のクッキーやGPSを利用した位置情報などもパーソナルデータに含まれます。

これらのパーソナルデータをもとに、事業者がプロファイリングを行う場合は、プロファイリングを行っている事実や方法などを事前に告知する義務があります。

EU域内のパーソナルデータを第三国へ移転する場合、定められた対策を講じることが求められます。なお、データの移転は、EU域内の企業から郵送や電子メールなどでパーソナルデータを送付するといった物理的な移転だけでなく、EU域外からEU域内のパーソナルデータへアクセスが可能な状態も含まれるため注意が必要です。

また、GDPRは域外適用により、EU域内の事業者だけでなくEU域外の事業者にも適用されるため、EU向けにサービスを提供する日本企業も法的規制の対象になります。

GDPR（General Data Protection Regulation：一般データ保護規則）
https://www.ppc.go.jp/enforcement/infoprovision/laws/GDPR/
（個人情報保護委員会による翻訳）

日本企業がGDPRの対策を必要とするケースは、以下のようなものが考えられます。

・日本からEUにサービスを提供している企業
・EUに子会社や支店をもつ企業
・EUから個人データの処理について委託を受けている企業　など

EUに子会社や支店、営業所をもつ企業については、現地法人の従業員や顧客の個人データをGDPRの原則に基づいて適切に扱わなければなりません。

GDPRの規則に違反した場合、制裁金の最大額は、対象となる企業の前年度の全世界の年間売上高の4%または2000万ユーロのいずれか高い方となっています。

GDPR施行後の制裁例としては、英国の航空会社が顧客情報を流出したことにより約250億円の制裁金が課せられたり、米国のIT企業は個人データの収集と広告への利用について情報開示が不十分であるとして制裁金が課せられた事案があります。

7-3 人工知能の社会展開

▶▶確認問題

次の各文章を読んで、正しければ〇、間違っていれば×をつけてください。

1. FATとは、Fairness（公明性）、Accountability（説明責任）、Transparency（透明性）のことである
2. 説明可能なAIのことをXAIと呼ぶ
3. AI活用の倫理的な注意点として、過去にMicrosoft社が開発したTayがSNS上で差別・ヘイト発言をしてしまった事例がある

1.〇　2.〇　3.〇

必ずマスター！

FAT

FATはAI利活用の3原則であり、それぞれFairness（公明性）、Accountability（説明責任）、Transparency（透明性）を意味する。

XAI

XAIは「説明可能なAI」と呼ばれ、従来のAIと比べ、なぜ予測性能が高くなったのかの根拠などを具体的に示すことができる。

倫理上の注意

AIに関しては、倫理的な問題が議論になることもある。実際にあった事例として、Microsoft社が開発したTayがSNS上で差別・ヘイト発言をした事例や、Google社開発のGooglePhotoが差別的な判断をした事例などがある。

7-3-1 FAT

AIの利活用にあたり、FAT（Fairness Accountability and Transparency）というキーワードが重要視されてきています。

Fairness（公明性）
人種や性別など公平性に配慮したシステムに関する研究

Accountability（説明責任）
AIによる意思決定と、その結果に対する説明責任に関する研究

Transparency（透明性）
AI開発や利活用に関する透明性の研究

社会に受け入れられるAIを実装するには、これらの3つの要素は必要不可欠だというのが国際的な認識となっています。人種や性別などにバイアスがかかった状態でAIを運用したり放置した場合、システム開発者は、社会的責任の失墜や損害賠償請求の対象となる可能性があるため注意が必要です。

7-3-2 説明可能なAI（XAI）

AIを適切にチューニングすることで予測精度を高めることができますが、「何故そのような予測や判断を行ったのか」を人間が理解するのは困難です。
画像に映っているのが、犬なのか猫なのかといったような娯楽的なAI判定ではあまり気にはなりませんが、「AIによると、緊急手術が必要です」という結果に対して、何故なのかが納得できなければ手術を受け入れることはできません。

このように実社会で受け入れられるAIを実現するためには、予測精度だけなく、判断の過程や理由が分かりやすく納得できる説明が要求されていくでしょう。
AIのアルゴリズムによっては、計算式をトレースすることで人間でも比較的理解しやすい理由を説明することができますが、ディープラーニングなどの高度なアルゴリズムは計算ロジックがブラックボックス化されていて、内部を理解することは非常に困難です。

XAI（Explainable AI；説明可能なAI）はAIが出した結果について、推論の根拠や文書による説明、可視化を実現するための研究で、アメリカ国防高等研究計画局（DARPA）は2006年にXAIプロジェクトに対して巨額な投資を行うことを発表しました。
参考：https://www.darpa.mil/program/explainable-artificial-intelligence

7-3-3 AI開発

AIを使ったシステムやサービスを提供するときに、ほかの企業と連携するケースもよくあります。
また産学連携による共同開発も増えてきました。

AIの共同開発やアウトソーシングを行うにあたり、それぞれが役割と責任を明確にしてプロジェクトを進めないと、認識のズレから思わぬトラブルが発生する恐れがあります。

一般的なプログラムと異なり、AI開発では学習済モデルの性能は学習用データセットによって左右されることが多く、期待通りの効果を得ることができない可能性があります。このため、事前に仕様を決定してから開発を行うウォーターフォール型の開発手法ではなく、仕様や要件を適宜変更しながら開発を進めるアジャイル型の開発手法の方が、親和性が高いといわれています。

アジャイル型の開発手法では、開発着手の時点でゴールを厳密に定義できないような開発に適しており、あらゆる工程でステークホルダーが関与する可能性があり、仕様変更に対して柔軟に対応することができますので、AI開発に向いています。

経済産業省が2018年に公開した、AI・データの利用に関する契約ガイドラインでは、AIの特性を踏まえた上で、開発・利用契約を作成するにあたっての考慮点やトラブルを予防する方法などについての基本的な考え方がまとめられています。
ガイドラインでは、開発プロセスを複数の段階に分けて行う探索的段階型の開発方式が提唱されています。それぞれの段階で必要な契約を結んでいくことで、効果的に学習モデルを生成することができるとされています。

AI 編の概要②

従来型のソフトウェア開発（ウォーターフォール型）		AI ソフトウェア開発【探索的段階型）
> あらかじめ全体の機能設計・要件定義を済ませてから機能を実装 > 当初の要求仕様通りに進むため、契約時に契約内容や責任範囲を明確に定めることが可能 要件定義 → 設計 → 実装 → テスト	→	> AI 技術を活用した「学習済みモデル」については、モデルの内容・性能等について以下の特徴がある ◎契約時に成果が不明瞭な場合が多い ②性能が学習用データセットに左右される ③開発後もさらに再学習する需要がある > そのため、試行錯誤を繰り返しながら納得できるモデルを生成するという新しいアプローチが考えられる

モデル生成のサイクルを返しながら開発

ステップ・バイ・ステップで契約

	①アセスメント	②PoC	③開発	④追加学習
目的	一定量のデータを用いて、学習済みモデルが生成可能性を検証する	学習用データセットを用いてユーザが希望する精度の学習済みモデルが生成できるかどうかを検証する	学習済みモデルを開発する	ペンダが納品した学習済みモデルについて、追加の学習用データセットを使って学習をする
契約	秘密保持契約書 等	導入検証契約 等	ソフトウェア開発契約書 等	

「AI・データ契約ガイドライン概要」（経済産業省）（https://www.meti.go.jp/press/2018/06/20180615001/20180615001-4.pdf）を加工して作成

7-3-4 クライシスマネジメント

AI技術を使ったプロダクトの利活用にあたり、予期しない挙動やプライバシーの侵害などのリスクを事前に想定しておく必要があります。

プライバシーの侵害についての対策としては、プライバシー・バイ・デザイン（PbD）という考え方が提示されています。システムやビジネスプロセスの企画、設計、開発の段階からプライバシー対策を考慮し、企画から保守までのライフサイクル全体でプライバシー保護を行うという考え方のことです。この考え方はGDPRにも取り入れられています。

このようにプロダクトをつくる工程にクライシスマネジメントを組み入れ、そこから得た教訓を基に運用改善やシステム改修につなげていくことが重要です。

7-3-5 敵対的な攻撃（Adversarial Attacks）

近年では、AIの予測モデルを攻撃して意図的に誤った結果へと誘導することができると指摘されています。

たとえば、画像識別を行う予測モデルに対して、人間の目では識別できないような微細なノイズを混ぜることで予測結果を歪ませたりすることができます。

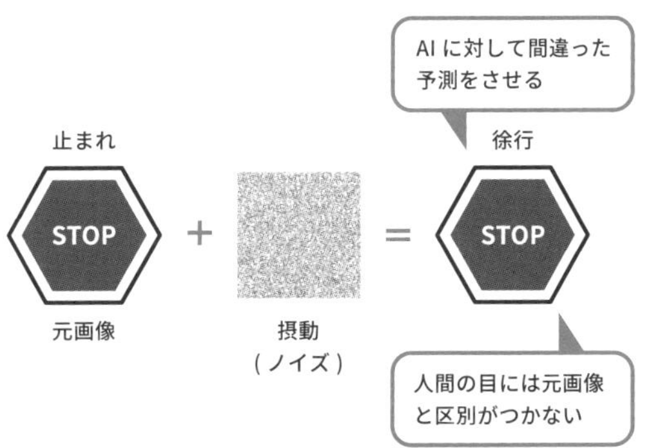

「一時停止」という道路標識の画像に、摂動と呼ばれる微細なノイズを加えることで、人間の目には見た目の変化はありませんが、AIには「徐行」や「追い越し禁止」など、まったく異なる意味として認識させることができます。

また、画像だけでなく音声やテキストデータなどにも適用させることが可能です。

7-3-6 AIの責任所在

AIの社会実装が進むにつれて、「AIが犯した責任を誰がとるかのか」という議論が行われています。AI自体は機械であるため、現在の法律では責任能力や権利の主体とはなりません。このため、AIには責任を取らせることができません。

仮にAIが暴走して他人に危害を加えたり、著作権の侵害や名誉棄損にあたるような行為をしてしまった場合には、AIではなく人に責任を取ってもらうことになります。

この場合、AIの開発者やAIの利用者が責任を負う可能性があります。

たとえばAIの開発者や利用者が意図的に誰かを攻撃するようにAIに仕向けた場合や、AIが誰かを攻撃する可能性を予見しつつ放置していたような場合であれば、故意が認められ、不法行為責任を負わなければなりません。

AIの利用者には故意が無かった場合、過失があったか、またその行為に対して事前に予測ができる予見可能性があったかどうかが問題になります。AIの利用者はAIを開発したわけでも、内部のアルゴリズムを正確に理解しているわけではありませんので、通常利用の範囲において、AIの想定外な行動を予見することは困難です。

このため、AIの利用者には過失が認められず責任を負わせることは難しいと考えられています。

7-3-7 倫理上の問題

AIに関しては、倫理的な問題が議論になることもあります。実際にあった事例として、Microsoft社が開発したTayがSNS上で差別・ヘイト発言をした事例や、Google社開発のGooglePhotoが、差別的な判断をした事例などがあります。

AIは、我々の生活の中でさまざまな用途で利用されることが期待されていますが、殺傷能力をもった兵器に転用される危険性があります。AIを利用した自律型致死兵器システム（LAWS）は人間が介入することなく、標的の選択から攻撃までを行うことができてしまうため、開発を禁止する声が世界的に高まっています。LAWSに関する議論は2014年ごろから始まっていますが、今のところ国際的な規制などはありません。

世界的な人権擁護団体のヒューマン・ライツ・ウォッチの報告書などによると、LAWSや、いわゆる殺人ロボットは人間の関与度の度合いによって3種類に分けられるといわれています。

Human in the Loop Weapons

ロボットが標的を選択できるが人間の命令によってのみ攻撃ができる兵器

Human on the Loop Weapons

ロボットが標的を選択して攻撃もできるが、人間がロボットの動作を無効にできる

Human out of the Loop Weapons

ロボットが人間の命令や関与なしに標的を選択して攻撃できる

2018年2月にKAIST（韓国科学技術院）は、防衛関連企業と共同でAIを活用した自律兵器の開発や軍事研究を推進していくことを発表しました。

この発表に対して世界中のAI研究者らが、「KAISTが自律兵器の研究をやめない限り、KAISTとの共同研究を一切取りやめる」という宣言を出しました。この宣言を受けて、KAISTは自律兵器システムや殺人ロボットを開発する計画はないと表明したことから、研究者らのボイコットが撤回されました。

7-3-8 ディープフェイク

ディープフェイクは主に敵対的生成ネットワーク（GAN）によって生成され、その精巧さは近年とても高まってきています。ポルノや詐欺、特定の個人に関する虚偽の情報を広めたりといったようなことに利用される可能性があるため問題点も指摘されています。

このため、ディープフェイクを検出するための開発支援ツールが開発されています。

また中国では2019年11月にディープフェイクに関する規制が制定されたほか、各国でも法整備が進められています。

2019年、ある企業がディープフェイクによって24万3000ドル（約2600万円）を盗み出される窃盗事件がありました。この事件は、犯人が業務時間終了後にオフィスに電話をかけ、音声ディープフェイクを使ってこの企業のCEOの声を模し、なりすましを行いました。

ほかの事例として、動画にディープフェイクが活用されたものを紹介します。以下のURLは2018年にYouTubeで公開された、オバマ前大統領のフェイクビデオです。

参考：https://youtu.be/cQ54GDm1eL0

このフェイクビデオはアメリカのオンラインメディア「バズフィード」と映画監督のジョーダン・ヒールによって制作されたもので、ディープフェイクの脅威を世界に知らしめるために製作されたものです。オバマ大統領の容姿や声の特徴を忠実に再現していますが、発言内容はトランプ大統領を誹謗する内容となっています。

7-4 AIに関するガイドライン・政策

AIが社会生活に及ぼす影響やAIに関する法的な課題、倫理的課題に対処するための国内外のさまざまな機関や団体がガイドラインや政策を公表しています。

▶▶ 確認問題

次の各文章を読んで、正しければ○、間違っていれば×をつけてください。

1. アシロマAI原則とは、AIが人類全体の利益となるよう、倫理的問題、安全管理対策、研究の透明性などについてまとめられている
2. PAI（パートナーシップ・オン・AI）は、2016年9月に、Amazon社、Facebook社、Google社による3社が共同で設立した
3. AI戦略2019では文理問わず数理・データ関連教育を受けた高校卒業生が年間5万人になることを目標としている

1.○　2.×　3.○

ここは 必ずマスター！

アシロマAI原則

アシロマAI原則とは、23項目からなるガイドラインであり、AIが人類全体の利益となるようにさまざまな項目についてまとめられている。

PAI

PAI（パートナーシップ・オン・AI）は、AIの普及やベストプラクティス作成を目的とした非営利団体である。2016年9月に、Amazon社、Facebook社、Google社、IBM社、Microsoft社の5社が共同で設立し、2017年にはApple社やIntel社、Sony社のほか、電子フロンティア財団や国連児童基金などの非営利組織も参画している。

AI戦略2019

AI戦略2019の1つに教育改革がある。

このなかで、デジタル社会の「読み・書き・そろばん」である「数理・データサイエンス・AI」の基礎などの必要な力をすべての国民が育み、社会のあらゆる分野で人材が活躍することを目指している。

7-4-1 アシロマAI原則

アシロマAI原則（Asilomar AI principles）とは、The Future of Life Instituteにおいて、2017年に開催されたBENEFICIAL AI 2017カンファレンスで提案された23項目からなるガイドラインで、AIが人類全体の利益となるよう、倫理的問題、安全管理対策、研究の透明性などについてまとめられています。物理学者のスティーブン・ホーキング博士やイーロン・マスク氏、未来学者のレイ・カーツワイル博士なども支持者として名を連ねています。

7-4-2 IEEE 倫理的に調和した設計

IEEE 倫理的に調和した設計（IEEE Ethically Aligned Design;EAD）は、知的な機械システムに対する恐怖や過度な期待を払拭すること、倫理的に調和や配慮された技術をつくることによってイノベーションを促進することを目的としてつくられた報告書で、価値を埋め込む設計論や設計思想、それをどのように技術に落とし込めるかといった論点が整理されています。

7-4-3 PAI（パートナーシップ オン AI）

PAI（パートナーシップ・オン・AI）は、AIの普及やベストプラクティス作成を目的とした非営利団体です。2016年9月に、Amazon社、Facebook社、Google社、IBM社、Microsoft社の5社が共同で設立し、2017年にはApple社やIntel社、Sony社のほか、電子フロンティア財団や国連児童基金などの非営利組織も参画しています。

PAIではAI技術やAIの社会的影響などが議論され、AIの社会実装にかかる課題解決を共同で取り組むことを目的としています。

また、PAIは、AIにおける公平性、透明性、責任などへの取り組みを掲げた信条を公表しています。

7-4-4 人間中心のAI社会原則

2019年3月に日本政府が公表した人間中心のAI社会原則では、基本理念として次の3つの項目が掲げられています。

人間の尊厳が尊重される社会（Dignity）

AIが中心となるような社会を構築するのではなく、人間がAIを利用することで、豊かな生活を送ることができるような、人間の尊厳が尊重される社会の構築が必要であるということ。

多様な背景をもつ人々が多様な幸せを追求できる社会（Diversity & Inclusion）

AI の適切な開発と展開によって、多様な背景と価値観、考え方をもつ人々が多様な幸せを追求し、新たな価値を創造できる社会に変革していく必要があるということ。

持続性ある社会（Sustainability）

AI の活用により社会の格差を解消し、地球規模の環境問題や気候変動などにも対応が可能な持続性のある社会を構築する方向へ展開させる必要がということ。

また、これらの理念を実装するために、AI戦略2019が取りまとめられました。

AI戦略2019の1つに教育改革があります。

この中で、デジタル社会の「読み・書き・そろばん」である「数理・データサイエンス・AI」の基礎などの必要な力をすべての国民が育み、社会のあらゆる分野で 人材が活躍することを目指し、2025年の実現を念頭に、次のような取り組みを行っています。

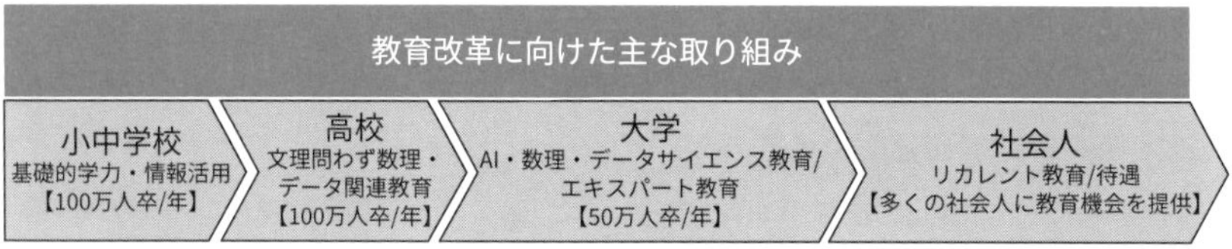

教育改革に向けた主な取り組み

小中学校	高校	大学	社会人
基礎的学力・情報活用【100万人卒/年】	文理問わず数理・データ関連教育【100万人卒/年】	AI・数理・データサイエンス教育/エキスパート教育【50万人卒/年】	リカレント教育/待遇【多くの社会人に教育機会を提供】

「「人間中心のＡＩ社会原則」及び「ＡＩ戦略2019（有識者提案）」について」（厚生労働省）（https://www.mhlw.go.jp/content/10601000/000502267.pdf）を加工

小中学生	基礎的学力・情報活用［100万人卒/年］
高校	文理問わず数理・データ関連教育［100万人卒/年］
大学	AI・数理・データサイエンス教育/エキスパート教育［500万人卒/年］
社会人	リカレント教育/待遇［多くの社会人に教育機会を提供］

7-4-5 カメラ画像利活用ガイドブック

2017 年に経産省・総務省・IoT 推進コンソーシアムによってカメラ画像利活用ガイドブックが策定されました。

ガイドブックでは、店舗内に設置されたカメラから、来客者の属性の推定やリピート分析といった顧客分析を行うために画像情報を収集するときに、来店者に対して撮影を行うことの事前周知や、画像から特徴量を生成したらすぐに顔画像を削除するなど、カメラ画像のデータを扱う上での留意点や対策などがまとめられています。

ユースケースの概要と対応例のサンプル

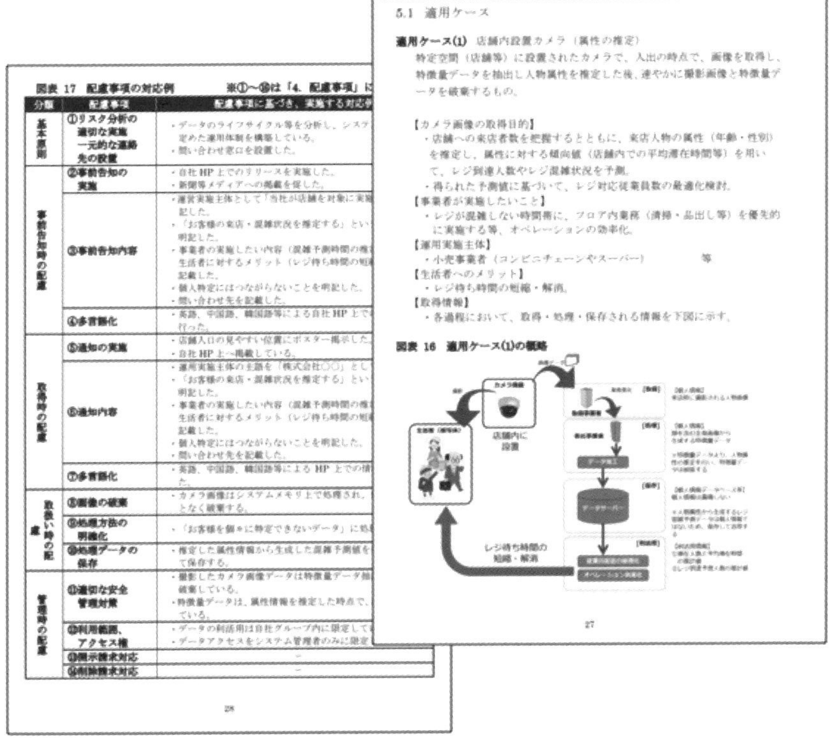

図表 17 配慮事項の対応例 ※①～⑭は「4. 配慮事項」に

分類	配慮事項	配慮事項に基づき、実施する対応例
基本原則	①リスク分析の適切な実施一元的な連絡先の設置	・データのライフサイクル等を分析し、システ 定めた運用体制を構築している。 ・問い合わせ窓口を設置した。
事前告知時の配慮	②事前告知の実施	・自社 HP 上でのリリースを実施した。 ・新聞等メディアへの掲載を促した。
	③事前告知内容	・運営実施主体として「当社が店舗を対象に実施 記した。 ・「お客様の来店・混雑状況を推定する」とい 明記した。 ・事業者の実施したい内容（混雑予測時間の推 生活者に対するメリット（レジ待ち時間の短 記載した。 ・個人特定にはつながらないことを明記した。 ・問い合わせ先を記載した。
	④多言語化	・英語、中国語、韓国語等による自社 HP 上で 行った。
取得時の配慮	⑤通知の実施	・店舗入口の見やすい位置にポスター掲示した。 ・自社 HP 上へ掲載している。
	⑥通知内容	・運用実施主体の主語を「株式会社○○」とし ・「お客様の来店・混雑状況を推定する」とい 明記した。 ・事業者の実施したい内容（混雑予測時間の推 生活者に対するメリット（レジ待ち時間の短 記載した。 ・個人特定にはつながらないことを明記した。 ・問い合わせ先を記載した。
	⑦多言語化	・英語、中国語、韓国語等による HP 上での掲 た。
取扱い時の配慮	⑧画像の破棄	・カメラ画像はシステムメモリ上で処理され、 となく破棄する。
	⑨処理方法の明確化	・「お客様を個々に特定できないデータ」に処
	⑩処理データの保存	・推定した属性情報から生成した混雑予測値を て保存する。
管理時の配慮	⑪適切な安全管理対策	・撮影したカメラ画像データは特徴量データ抽 破棄している。 ・特徴量データは、属性情報を推定した時点で、 ている。
	⑫利用範囲、アクセス権	・データの利活用は自社グループ内に限定して ・データアクセスをシステム管理者のみに限定
	⑬開示請求対応	－
	⑭削除請求対応	－

28

5.1 適用ケース

適用ケース(1) 店舗内設置カメラ（属性の推定）

特定空間（店舗等）に設置されたカメラで、入出の時点で、画像を取得し、特徴量データを抽出し人物属性を推定した後、速やかに撮影画像と特徴量データを破棄するもの。

【カメラ画像の取得目的】
・店舗への来店者数を把握するとともに、来店人物の属性（年齢・性別）を推定し、属性に対する傾向値（店舗内での平均滞在時間等）を用いて、レジ到達人数やレジ混雑状況を予測。
・得られた予測値に基づいて、レジ対応従業員数の最適化検討。
【事業者が実施したいこと】
・レジが混雑しない時間帯に、フロア内業務（清掃・品出し等）を優先的に実施する等、オペレーションの効率化。
【運用実施主体】
・小売事業者（コンビニチェーンやスーパー） 等
【生活者へのメリット】
・レジ待ち時間の短縮・解消。
【取得情報】
・各過程において、取得・処理・保存される情報を下図に示す。

図表 16 適用ケース(1)の概略

27

「カメラ画像利活用ガイドブック」（総務省）（https://www.soumu.go.jp/main_content/000542668.pdf）より抜粋

7-5 産業への展開

AIが社会生活に及ぼす影響やAIに関する法的な課題、倫理的課題に対処するための国内外のさまざまな機関や団体がガイドラインを公表しています。

▶▶確認問題

次の各文章を読んで、正しければ○、間違っていれば×をつけてください。

1. SAEの自動運転レベルにおいて、レベル2以上からシステム主体の自動運転となる
2. ドローンを飛行させる際には、人（第三者）又は物件（第三者の建物、自動車など）との間に10m以上の距離を保つことが義務付けらてれている
3. PDS（パーソナルデータストア）とは、個人に代わってデータを蓄積・管理するシステムのことである

1.×　2.×　3.○

ここは 必ずマスター！

自動運転技術

アメリカの非営利団体SAEインターナショナルのSAE J3016では、自動車の自動運転のレベルが0から5まで定められており、レベル3以上のものは、運転の主体が人間ではなくシステムとなる。

ドローン

AI技術の発展によってドローンなどの小型無人機の一般普及も期待されている。ドローンに搭載されたカメラによって大量の画像データを収集してディープラーニングで解析を行うといったような事例も出てきている。

PDS

個人が機密性の高いパーソナルデータを管理・運用することはとても困難なので、個人に代わってデータを蓄積・管理するPDS（パーソナルデータストア）というシステムの実装が検討されている。

7-5-1 自動運転技術

今日、AIによる自動運転技術は日本や世界各国で実用に向けた研究が盛んになっていま

す。自動運転が実現することで、交通事故の軽減や渋滞の緩和、高齢者などの移動支援や運輸・物流産業の効率化などが期待されています。

アメリカの非営利団体SAEインターナショナルのSAE J3016では、自動車の自動運転のレベルが0から5まで定められています。

レベル	内容	運転の主体
0（運転自動化なし）	ドライバーがすべて操作	ドライバー
1（運転者支援）	システムがステアリング操作。加減速のどちらかをサポート	ドライバー
2（部分的運転自動化）	システムがステアリング操作。加減速の両方をサポート	ドライバー
3（条件付運転自動化）	特定場所でシステムがすべて操作。緊急時はドライバー操作	システム
4（高度運転自動化）	特定の場所でシステムがすべて操作	システム
5（完全運転自動化）	場所の限定なくシステムがすべて操作	システム

上記のように、レベル3以上のものは、運転の主体が人間ではなくシステムとなります。また、レベル5では人間の介入を全く必要せず、あらゆる環境での自動運転が可能になります。最近では、レーンキープアシスト（車線逸脱防止機能）やブレーキアシスト、パーキングアシストといったレベル2までの運転車を支援する機能が搭載された自動車も販売されています。日本政府は2025年までに完全自動運転を目指しています。

自動運転は自動車メーカーだけでなくIT企業も研究・開発を行っており、Google社傘下の自動運転車開発企業であるWaymo社や、自動配車サービスを提供しているUber Technologies社も参入しています。

自動運転の性能を高めるためには公道走行が欠かせません。公道でのテスト走行を行うためには法律や制度の範囲内で行う必要がありますが、国によって道路の環境や規制の考え方に違いがあります。

アメリカ ネバダ州では2011年に自動運転車の公道走行実験が法律で認められました。また、カリフォルニア州では2018年4月より、完全な無人車両による公道試験の申請受付を開始しました。

日本ではレベル2までの自動運転車に対して高速道路などを自動走行する際、ドライバーがハンドルから65秒以上手を離すと手動運転に切り替える仕組みを搭載することが義務付けられています。

2019年5月に道路交通法が改正され、緊急時にはドライバーが手動で運転ができることを前提に、レベル3以上の自動運転車両では、高速道路など一定の条件下でテレビを注視したりスマートフォンや携帯電話を手にもって操作することが可能になりました。

また、道路交通法改正と同じ時期に、道路運送車両法も改正されました。これらの法改正を受けて、自動運転車に作業状態記録装置の搭載が義務付けられました。

7-5-2 ドローン

AI技術の発展によってドローンなどの小型無人機の一般普及も期待されています。ドローンに搭載されたカメラによって大量の画像データを収集してディープラーニングで解析を行うといったような事例も出てきています。

ドローンを飛行させるには、場所に関わらず次のルールを遵守する必要があります。

［1］ アルコール又は薬物等の影響下で飛行させないこと
［2］ 飛行前確認を行うこと
［3］ 航空機又は他の無人航空機との衝突を予防するよう飛行させること
［4］ 他人に迷惑を及ぼすような方法で飛行させないこと
［5］ 日中（日出から日没まで）に飛行させること
［6］ 目視（直接肉眼による）範囲内で無人航空機とその周囲を常時監視して飛行させること
［7］ 人（第三者）又は物件（第三者の建物、自動車など）との間に３０ｍ以上の距離を保って飛行させること
［8］ 祭礼、縁日など多数の人が集まる催しの上空で飛行させないこと
［9］ 爆発物など危険物を輸送しないこと
［10］ 無人航空機から物を投下しないこと

<無人航空機の飛行ルール(抜粋)>

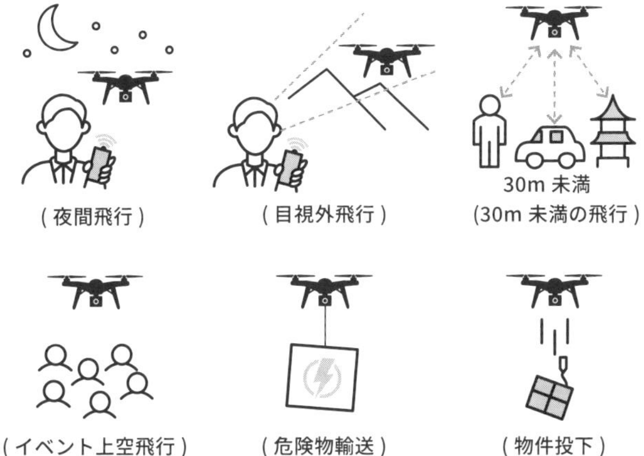

「無人航空機(ドローン・ラジコン機等)の飛行ルール」(国土交通省)(https://www.mlit.go.jp/koku/koku_tk10_000003.html#a)を作図

7-5-3 PDS(パーソナルデータストア)と情報銀行

インターネットの普及に伴い、さまざまなサービスがオンラインで提供されるようになりました。

オンラインサービスを利用することで、購買履歴や趣味・趣向などのパーソナルデータが記録されていきます。多くの場合、これらのパーソナルデータはオンラインサービスの提供側に蓄積されマーケティングなどに利用されていますが、これらのデータを個人が自ら活用することで、より質の高いサービスを受けることができると期待されています。

しかし、個人が機密性の高いパーソナルデータを管理・運用することはとても困難ですので、個人に代わってデータを蓄積・管理するPDS(パーソナルデータストア)というシステムの実装が検討されています。

PDSは国が社会インフラとして構築する案や、しかるべき認定を取得した民間企業が構築する案などが検討されています。また、PDSに蓄積されたデータを、事前に指定した条件をもとに第三者に提供する事業を情報銀行といいます。

たとえば、ある個人が位置情報や趣味・趣向などの情報に限り第三者に情報提供を許容するようなケースでは、これらのパーソナルデータをもとに、趣向にあった観光案内の提案などが行われるといったような活用方法が検討されています。

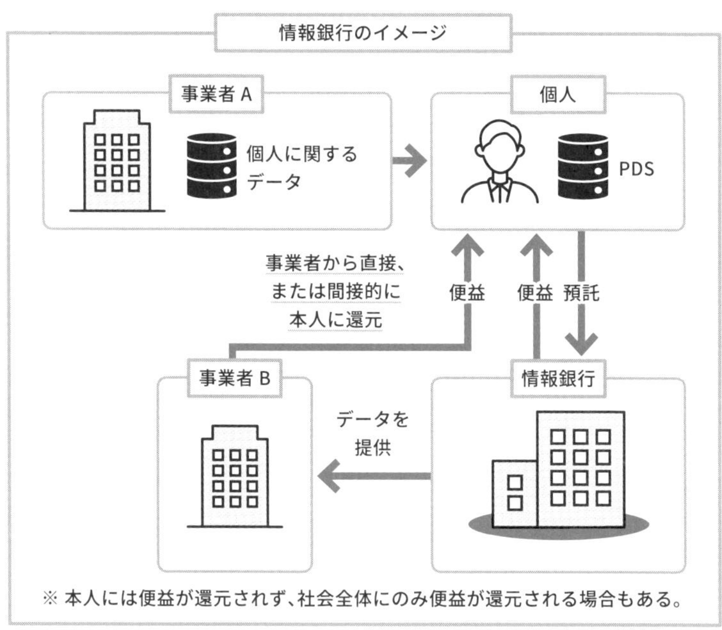

「情報信託機能の認定に係る指針ver1.0」（案）」（総務省）（https://www.soumu.go.jp/main_content/000550647.pdf）を作図

▶▶ 章末問題

問題1 自動運転に関する以下の文章を読み、空欄にあてはまる選択肢を１つ選べ。

アメリカの非営利団体SAEインターナショナルのSAEJ3016では、自動運転レベルが0から5まで定められており、レベル３以上では（ア）運転が行われる。レベル５になると、（イ）運転が行われる。

レベル３以上の実用化のためには、自動車運転に関する法律の整備も重要である。たとえば日本においては2019年5月には（ウ）の改正が成立し、この改正法ではレベル３以上の自動運転中に（エ）を前提条件付きで認める事なども盛り込まれている。

（ア）の選択肢

1. 利用者ではなくシステムが主体になって
2. 私道でなく、公道で
3. ハンドルやブレーキペダルが無い状態で
4. 画像認識のモデルを使って

（イ）の選択肢

1. 利用者が支援できることを前提として限定的な環境で
2. 利用者からの支援なしに限定的な環境で
3. 利用者が支援できることを前提としてあらゆる環境で
4. 利用者からの支援なしにあらゆる環境で

（ウ）の選択肢

1. 交通安全対策基本法
2. 自動車ターミナル法
3. 道路交通法
4. 自動車損害賠償保障法

（エ）の選択肢

1. スマートフォンを含む携帯電話を注視する事
2. 運転席から離れて仮眠をとる事
3. 降車して一定時間無人の状態で走らせる事
4. 自足10km未満の速度超過が発生する事

問題2 **以下の文章を読み、空欄に最もよくあてはまる選択肢を1つ選べ。**

（ア）とは、個人が自らの意思でデータを管理し、また第三者への提供を制御するシステムである。（ア）などのシステムを活用し、個人からの指示や（イ）に基づきデータの第三者提供を行う事業を情報銀行という。

（ア）の選択肢

1. PFI
2. SVM
3. PDS
4. SGD

（イ）の選択肢

1. 行政庁からの指示
2. 公的な研究機関からの指示
3. データを利用したい企業からの指示
4. 事前に指定した条件

問題3 以下の文章を読み、空欄に最もよくあてはまる選択肢を１つ選べ。

AIの利活用においては、XAI（Explainable Artifical Intelligence：説明可能な人工知能）が必要とされている。AIの説明の代表的な手法には、どういったプロセスでAIの予測を進めるのかを（ア）で説明する手法や、どの（イ）がモデルの学習を進めるうえで重要だったかを説明する手法がある。（ウ）は2016年にXAIへの投資プログラムを発表し、話題を呼んだ。

（ア）の選択肢

1．自然言語
2．インタプリタ言語
3．コンパイラ言語
4．計算言語

（イ）の選択肢

1．フレームワーク
2．学習データ
3．マシン
4．言語

（ウ）の選択肢

1．CIA
2．経済産業省
3．総務省
4．DARPA

問題4　**機械学習を行う際に利用するデータセットや学習済モデルは、一定の条件を満たすならば知的財産として保護される。この保護に関する説明として、最も適切な選択肢を１つ選べ。**

1．学習に使う生データに対して、特許権が認められる場合がある
2．学習用データセットは、単なるデータの集まりにすぎないので、著作権は認められない
3．不正競争防止法の保護を受けるためには、秘密管理性や非公知性の要件が必要であるが、学習済モデルをインターネットで第三者が不正に開示した場合にはこれら要件を満たさなくなり、同法の保護は一切受けられないことになる
4．学習済モデルを活用して生成した創作物に関しては、利用者の関与の度合いによっては、著作物として著作権法上保護される

問題5 **AIの利活用において、開発者達が想定しなかったような倫理的な問題が起こる事がある。過去に問題になったMicrosoft社開発の会話ロボットTayの事例として、最もよくあてはある選択肢を1つ選べ。**

1. 人間が行った犯罪を手助けした
2. ニュース番組にて、人類を滅亡させる発言をした
3. 差別的表現を投稿した
4. 犯罪を肯定するような発言をした

問題6 **2019年1月施行の改著作権法30条の4第2項の規定に照らし合わせて、著作物を学習用データとして利用する際の取り扱い方として、最も適切な選択肢を1つ選べ。**

1. 第三者の著作物からデータセットを生成する事は、非営利の場合にのみ適法とされる
2. 他者が創作したデータの記録は、コンピュータによる情報解析を目的とする場合は認められていない
3. 日本だけでなく、アメリカやイギリスをはじめとするさまざまな国でも同様の規定があるため、著作物を複製して営利目的で利用できる
4. インターネット上で公開されている著作物を複製しデータセットを作成したとする。そのデータセットで学習させたモデルは営利目的で利用できる

問題7 **以下の文章を読み、空欄（　）に最もよくあてはまる選択肢を1つ選べ。**

AIに対して開発者達が想定していなかった結果を導き出し、倫理的な問題に発展する事がある。Google社開発の画像認識AI GooglePhotoが（　）事例が過去に大きな問題となった。

1. 第三者の著作権・肖像権を無承諾で画像アップロードした
2. アフリカ系の男女の顔画像に対してゴリラとタグ付けした
3. 自動運転車の運転で、物体認識できたはずの信号無視をした
4. ほかの選択肢いずれも当てはまらない

問題8 **昨今、機械学習の国際会議においてFATというキーワードが重要視されている。このうちFは何を意味しているか？**

1. Fairness：人種やジェンダーなど公平性に配慮したシステムに関する研究
2. Fake：フェイクニュースなどの偽情報を防ぐための研究
3. Feasibility：AI研究の事業化、採算性などに関する研究
4. Friendly：人により使いやすく、親しみのわくような人工知能の研究

問題9 **以下の文章を読み、空欄にあてはまる選択肢を選べ**

2019年3月、日本政府は「人間中心のAI社会原則」を取りまとめた。この枠組みの中の戦略として（ア）が取りまとめられた。（ア）の中ではたとえば年間100万人のすべての（イ）に、データサイエンスの基礎となる理数素養や基本的情報知識を習得させることなど具体的な数値目標を定めている

（ア）の選択肢

1. デジタルトランスフォーメーション戦略2019
2. Society5.0戦略2019
3. AI戦略2019
4. 人工知能技術戦略2019

（イ）の選択肢

1. 高等学校卒業生
2. 中学校卒業生
3. 高専卒業生
4. 大学・高専生

解答と解説

問題1　**正答（ア）…1　（イ）…4　（ウ）…3（エ）…1**

アメリカの非営利団体SAEインターナショナルのSAE J3016では、自動車の自動運転のレベルが0から5まで定められている。

レベル	内容	運転の主体
0（運転自動化なし）	ドライバーがすべて操作	ドライバー
1（運転者支援）	システムがステアリング操作。加減速のどちらかをサポート	ドライバー
2（部分的運転自動化）	システムがステアリング操作。加減速の両方をサポート	ドライバー
3（条件付運転自動化）	特定場所でシステムがすべて操作。緊急時はドライバー操作	システム
4（高度運転自動化）	特定の場所でシステムがすべて操作	システム
5（完全運転自動化）	場所の限定なくシステムがすべて操作	システム

1つの基準として、レベル3以上になると運転の主体がシステムになると覚えよう。

2019年5月に道路交通法が改正され、緊急時にはドライバーが手動で運転ができることを前提に、レベル3以上の自動運転車両では、高速道路など一定の条件下でテレビを注視したりスマートフォンや携帯電話を手にもって操作することが可能になった。

問題2　**正答（ア）…3　（イ）…4**

PDSは国が社会インフラとして構築する案や、しかるべき認定を取得した民間企業が構築する案などが検討されている。また、PDSに蓄積されたデータを、事前に指定した条件をもとに第三者に提供する事業を情報銀行という。

問題3　**正答（ア）…1　（イ）…2　（ウ）…4**

AIのアルゴリズムによっては、計算式をトレースすることで人間でも比較的理解しやすい理由を説明することができるが、ディープラーニングなどの高度なアルゴリズムは計算ロジックがブラックボックス化されていて、内部を理解することは非常に困難である。

XAI（Explainable AI；説明可能なAI）はAIが出した結果について、推論の根拠や文書による説明、可視化を実現するための研究で、アメリカ国防高等研究計画局（DARPA）は2006年にXAIプロジェクトに対して巨額な投資を行うことを発表した。

問題4　**正答4**

AIが生み出したコンテンツが、著作権法上の著作物として認められる要件として次の2つがある。

・人が著作物を創作するために道具としてAIを使用した場合

・創作過程において、人による創作的寄与が認められる場合（具体的にどのようなものが創作的寄与となるかは議論が行われていますが、創作の過程で人間による確認や各種パラメータの調整や、最終成果物に対して人間が加工を行うような場合などが考えられます）

いずれのケースでも共通しているのは、人が関与して創作されたコンテンツであるということである。このため人間の創作的関与がなく、AIのみによって生成されたコンテンツは現行の著作権法では保護されない。

問題5　**正答3**

AIに関しては、倫理的な問題が議論になることもある。実際にあった事例として、Microsoft社が開発したTayがSNS上で差別・ヘイト発言をした事例や、Google社開発のGooglePhotoが、アフリカ系の男女に対してカテゴリをゴリラであると判断した事例などがある。

問題6　**正答4**

著作権法により、他人の著作物をもとにデータセットを作成して、インターネット上に公開したり販売したりすることも一定の条件下で認められている。諸外国では非営利目的・研究目的でのみデータセットの公開は許容されているのに対して、日本では営利・非営利でも適法となるため、世界的にも珍しい取り組みだといわれている。データセットの作成が適法であるように、そのデータセットを利用して機械学習モデルを作成しても営利目的で利用できる。

問題7　**正答2**

問5の解説のとおり、GooglePhotoが、アフリカ系の男女に対してカテゴリをゴリラであると判断したことがある。

問題8　**正答1**

Fairness（公明性）

人種や性別など公平性に配慮したシステムに関する研究

Accountability（説明責任）

AIによる意思決定と、その結果に対する説明責任に関する研究

Transparency（透明性）

AI開発や利活用に関する透明性の研究

社会に受け入れられるAIを実装するには、これらの3つの要素は必要不可欠だというのが国際的な認識となっている。人種や性別などにバイアスがかかった状態でAIを運用したり放置した場合、システム開発者は、社会的責任の失墜や損害賠償請求の対象となる可能性があるため注意が必要である。

問題9　**正答（ア）…3　（イ）…1**

AI戦略の中では「人間尊重」、「多様性」、「持続可能」の３つの理念を掲げ、この理念を実装する人材、産業競争力、技術体系、国際に関する戦略目標を設定している。

人材に関する目標として、AI数理の基礎をデジタル社会での「読み・書き・そろばん」として、小学校から社会人を通して、レベルにあったAIの基礎を習得できるような取り組みを策定している。

索引

さ

た

や

ら

わ

要点整理から攻略する

『ディープラーニングG検定ジェネラリスト』

2020年8月27日 初版第1刷発行

著　者：山本 晃、須藤 秋良
発行者：滝口 直樹
発行所：株式会社 マイナビ出版
〒101-0003　東京都千代田区一ツ橋2-6-3　一ツ橋ビル2F
TEL：0480-38-6872（注文専用ダイヤル）
TEL：03-3556-2731（販売部）
TEL：03-3556-2736（編集部）
編集部問い合わせ先：pc-books@mynavi.jp
URL：https://book.mynavi.jp

ブックデザイン：深澤 充子（Concent, Inc.）
DTP：田崎 隆史
担当：畠山 龍次

印刷・製本：シナノ印刷株式会社

ISBN：978-4-8399-7116-8